U0396189

产城融合背景下历史文化名城
时空演化及空间关联

王丹　著

东南大学出版社
SOUTHEAST UNIVERSITY PRESS
·南京·

内容提要

《国家新型城镇化规划(2014—2020 年)》指出中国城镇化存在"产城融合不紧密,产业集聚与人口集聚不同步,城镇化滞后于工业化"的问题,历史文化名城由于人口老龄化、产业空心化、矛盾更为突出。

本书以历史文化名城扬州市主城区居住空间为切入点,借助微观手段分析了居住空间的物质、社会、经济结构特征,揭示居住空间与工业、服务业空间关联过程和机理,针对"有产无城""有城无产"两类问题进行区域诊断,提出空间优化路径。

本书既可作为国土空间规划、城市设计、城市史研究等领域的研究材料,又可作为高等院校和社会各界人士了解城市发展变迁的参考用书和读物。

图书在版编目(CIP)数据

产城融合背景下历史文化名城时空演化及空间关联 /
王丹著. ﹣﹣南京 : 东南大学出版社,2023.12
ISBN 978-7-5766-0932-5

Ⅰ. ①产… Ⅱ. ①王… Ⅲ. ①历史文化名城－城市规划－中国 Ⅳ. ①TU984.2

中国国家版本馆 CIP 数据核字(2023)第 208239 号

责任编辑:龚　真　　　责任校对:韩小亮
封面设计:王　玥　　　责任印制:周荣虎

产城融合背景下历史文化名城时空演化及空间关联
Chan-Cheng Ronghe Beijing xia Lishi Wenhua Mingcheng Shikong Yanhua ji Kongjian Guanlian

著　者:王　丹
出版发行:东南大学出版社
出版人:白云飞
社　　址:南京市四牌楼 2 号　邮编:210096　电话:025-83793330
网　　址:http://www.seupress.com
经　销:全国各地新华书店
排　版:南京布克文化发展有限公司
印　刷:南京艺中印务有限公司
开　本:787 mm×1092 mm　1/16
印　张:14.5
字　数:323 千
版　次:2023 年 12 月第 1 版
印　次:2023 年 12 月第 1 次印刷
书　号:ISBN 978-7-5766-0932-5
定　价:78.00 元

本社图书若有印装质量问题,请直接与营销部调换。电话(传真):025-83791830

序　言

　　中国的历史文化名城与产业发展存在着功能空间的冲突。历史文化名城作为中国文化的重要载体，是不可再生的宝贵财富，但产业发展与古城保护矛盾也较为突出。因此，《产城融合背景下历史文化名城时空演化及空间关联》这一著作基于对扬州市的深入研究，系统论述产城融合背景下的历史文化名城发展问题，揭示历史文化名城的产城关联规律，探寻产城融合发展路径，其重要性不言而喻。

　　扬州作为全国首批 24 座历史文化名城之一，城市发展脉络清晰，完整保留了明清至今各历史时期圈层状空间结构，是研究产城关联规律不可多得的"活化石"。

　　王丹博士扎根扬州、扎根城市地理学，形成了一套独特的空间关联研究方法。《产城融合背景下历史文化名城时空演化及空间关联》是他 20 余年研究地理学的结晶，也是产城融合研究领域一部十分有见地的著作。该著作以扬州市居住空间为切入点，借助遥感影像解译、目视调查等方法积累了大量社区数据，分析了居住空间的物质、社会、经济结构特征，揭示了扬州百年来居住空间与工业、服务业空间的关联过程和机理，针对"有产无城""有城无产"两类问题进行区域诊断，提出了完整的产城融合优化路径，具有很强的针对性和有效性。该成果已成为自然资源和规划、住房和城乡建设部门重要的施政依据。王丹博士在书中揭示的产城融合规律和空间关联方法有重要的推广研究价值，值得其他城市和学者借鉴。

　　我为王丹博士近几年在学术上的不断精进，以及他学以致用、为地方经济建设做出个人的学术贡献而感到高兴，也希望看到他在城市文化保护与城市可持续发展领域能够产出更多的优秀成果，从而不断推进我国这个领域的学科建设与事业发展。

2023 年 12 月

---

　　* 黄贤金，南京大学教授、博士生导师，教育部长江学者特聘教授。

前　言

中国的城镇化正凸现产城融合不深、产居集聚不同步等问题,而历史文化名城受文物保护等因素影响,问题尤为突出。本书以全国首批历史文化名城扬州市为例,以居住空间为切入点,分析了居住空间的物质、社会、经济结构特征,揭示了居住空间与工业、服务业空间的关联过程与机理,在系统诊断"有产无城""有城无产"归因的基础上,提出了可行的空间优化路径。具体开展了以下工作:

一是摸清了扬州市居住空间现状及特征。将居住空间按开发方式和形成年代划分为古城区、单位社区、商品房社区、保障房社区4类,分类揭示了各居住空间的物质、社会和经济特征。

二是梳理了扬州市居住空间演化过程与特征。将居住空间划分为中华人民共和国成立前、计划经济时期、福利住房与市场化双轨制前期、福利住房与市场化双轨制后期、住房体制市场化全面推进期、住房体制市场化调整完善期6个时阶段,分阶段探讨了各居住空间在数量形成、方向演进、动力推动、形态构成等方面的演化过程。

三是揭示了扬州市居住空间与工业空间、服务业空间格局关联。从空间扩张方向与空间形态上分别建立了居住空间与工业空间关联,从空间扩张方向和空间属性上分别建立了居住空间与服务业空间关联;对百年来居住空间与工业空间的空间扩张方向和空间形态,以及居住空间与服务业空间的空间扩张方向和空间属性进行了深入分析,揭示了三者的关联效应、影响因素与作用机理。

四是提出了居住空间有效关联模式与产城融合路径。将居住、服务业、工业空间关联过程划分为混融同心圆形态、单向居住—工业随机融合扩张、单向居住—工业相邻融合扩张、单向居住—工业分离融合扩张、单向居住—服务业独立/融合扩张、多向产城有机融合扩张等6个阶段,厘清了各阶段空间扩张方向、空间形态和空间属性关联演化及动力机制;针对历史文化名城中"有城无产""有产无城"问题从空间功能互补、文化资源互通、公共服务共享等方面提出了相应的融合路径。

作者历时20余载,对扬州主城区156个社区进行了细致深入的调查研究,积累了扬州主城区百余年的历史地理数据,创新了一套独特的空间关联研究方法,从微观社区尺度深度揭示城市地理的演化规律,丰富了城市地理学的研究范式与理论方法。

本书的出版离不开诸多学者前辈、同事、同学、朋友及家人的帮助和支持。感谢导师方斌教授长期以来的悉心指导;感谢南京大学黄贤金教授、章锦河教授,中国科学院南京地理与湖泊研究所曹有挥研究员,南京师范大学陆玉麒教授、汪涛教授、杨山教授、张小林教授、黄震方教授、赵媛教授、黄昌春教授、靳诚教授、李红波教授、邹军副研究员,扬州市职业大学黄华明教授、黄瑞教授、张军教授、王海玫副教授,江苏旅游职业学院林刚研究员在本书写作过程中提供的诸多帮助。感谢贺德刚、王亚华老师,作为我的辅导员和班主任,两位老师时刻关注我的发展,每当我遇到困惑,他们总能为我指点迷津。

本书受到国家自然科学基金项目(42071229,41671174)、江苏省社会科学基金项目(22JYD002)、江苏省高校"青蓝工程"中青年学术带头人项目、江苏省教育科学规划课题(B/2023/01/118)共同资助。在此一并深表感谢!

感谢东南大学出版社的大力支持,特别感谢编辑们的热情指导与修改。

由于作者精力与水平有限,书中难免存在诸多问题与不足,殷切希望读者批评指正。最后,衷心希望本书的出版能够为我国城市产城融合理论与实践研究的学者提供有益借鉴,也期望更多的学者进入社区,以微观思维关注并思考城市地理的变迁与跃进。

王丹

2023 年 12 月

目　录

第 1 章　绪论

1.1　研究背景

1.1.1　产城融合是推进新型城镇化的必然路径

改革开放以来，随着工业化进程的加速，全国城镇化快速发展。1978—2018年，城镇常住人口从 1.7 亿人增加到 8.3 亿人，城镇化率从 17.92% 提升到 59.58%，城镇已成为经济社会发展的重要增长极。在城镇化高速发展的同时，也面临着一些亟待解决的问题，产城融合在其中尤为突出[1]。产城融合问题的产生有三个基本背景：一是改革开放以来，工业园区快速发展，由于工业园区布局远离老城区，周边居住、交通、医疗等配套服务严重匮乏[2]，工业园区功能单一，活力不足。二是城市新建居住空间选址偏重公共服务设施、自然环境等生活条件完备度，与产业空间日益疏离，城市人口呈"潮汐式"流动。随着城市规模的不断扩大，城市通勤时间、距离不断增长，城市交通的负担不断加重、运行效率持续降低[3]。据《2018 年度中国主要城市交通分析报告》，北京、广州、深圳、上海 4 座城市人均日拥堵损失分别达 24 元、22 元、21 元和 19 元。三是高铁新城[4]、大学城[5]、科技新城[6]等新产业空间不断出现，这类新产业空间过度突出某类生产要素对城市发展的拉动作用，忽视产业空间与居住空间的互动关系，往往人气不足，甚至出现"空城""鬼城"现象[7-8]。

在此背景下，2014 年中共中央、国务院发布了《国家新型城镇化规划（2014—2020 年）》，指出城镇化存在"产城融合不紧密，产业集聚与人口集聚不同步，城镇化滞后于工业化"等突出矛盾和问题，提出推进以人为核心的新型城镇化和"促进城镇发展与产业支撑、就业转移和人口集聚相统一"等指导思想和发展目标[9-10]。此后，《关于深入推进新型城镇化建设的若干意见》（国发〔2016〕8 号）、《关于印发国家新型城镇化综合试点方案的通知》（发改规划〔2014〕2960 号）等政策文件均将产城融合作为新型城镇化迫切需要解决的内容之一。

在地方层面，2015 年国家发展改革委确定了北京市丰台区、辽宁省沈阳市苏家屯区、江苏省常州市新北区等首批 58 个国家级产城融合示范区，明确提出了推动"3 个 1 亿人"就近城镇化的产城融合目标。江西、湖南、云南等省结合地方实际，先后启动建设省级产城融合示范区或发布产城融合专项规划，如江西省针对 15 个省级产城融合示范区的不同特点，制定了都市群—市—县三个层次的产城融合建设任务；云南省根据滇中、滇西北、滇西、滇西南、滇东北产业定位，明确了不同区域的产城融合方向。

中央要求、地方需求和现实需要三个层面说明，在新型城镇化背景下，产城融合具有开展深入研究的必要性和紧迫性。

1.1.2 空间关联是揭示产城融合机理的重要手段

空间关联是产城融合研究的理论和现实基础。"联系构成运动"是一条重要的唯物辩证法原理。从理论角度，如果把产城融合比作空间运动过程，那么空间关联就是空间融合的动力之源[11]。从现实角度，产城融合虽然包括经济、社会、生态等多层次内容，但空间关系无疑是首要问题，核心要义在于通过时空压缩，降低通勤成本，实现城市空间的物理融合，进而促进城市中各类生产要素聚合，为产业转型和人居环境提升提供支撑[12]。因此，研究产城融合应首先揭示城市各类空间的关联问题。

空间关联也是测度产城融合的定量手段。目前，产城融合研究在方法上遇到的最大问题是难以对"融合"进行定量测度，而空间关联方法则为产城融合研究提供了定量手段。从产城融合角度看，空间关联包括三个层次：一是城市增量空间的扩张方向关联；二是城市历史积淀而形成的城市空间形态关联；三是反映城市空间关联机理的空间属性关联。通过划分空间关联类型，可采用不同的空间分析方法测度产城融合关系：①通过对比不同时期不同类型城市空间中心的坐标，可测度不同类型城市空间扩张的方向关联；②通过对工业等生产空间一定范围内居住空间的数量变化进行分析，可反映两者在微观尺度的形态关联；③通过将服务业空间数量、密度、多样性与居住空间的物质、社会和经济特征进行回归分析，可反映两者的属性关联。

产城融合应以居住空间作为研究切入点，其中居住空间与工业空间、居住空间与服务业空间的关联是产城融合研究的首要环节。一方面，居住空间是产城融合研究的切入点。①居住空间通过居民的通勤、消费行为分别关联着工业空间、生产性服务业空间和生活性服务业空间，在生产—消费的链条中起着承前启后的作用，与工业空间、服务业空间均有着紧密关联[13]。②居住空间适宜开展多层次的定量研究。居住空间包含物质、社会、经济三个层面，工业、服务业的空间演化通过通勤、消费关联关系，在居住空间的物质、社会、经济等层面有所反映，是城市空间演化的"显示器"[14]。③居住空间更是诸多"产城"问题的根源。农民工、刚毕业的大学生虽然融入了"产业"，但却难以融入"城市"，形成如"棚户区""蚁族区"等特定人群的居住空间，引发一系列社会问题[15]。另一方面，居住空间与工业空间、服务业空间的关联是产城融合研究的首要环节[16]。生产仍然是城市的主导职能，工业空间、服务业空间在居住空间演化进程中起着引导作用。①从城市职能角度看，自工业革命以来，工业生产成为城市除行政和商业贸易之外的又一重要职能，由此出现了一批新兴工业城市。中华人民共和国建立后，全国城市普遍经历了工业化进程，实现了从封建消费城市向现代工业城市的转变[17]。改革开放后，随着社会分工的细化，生产性服务业逐步从工业内部分离出来，逐步成为与工业并列的产业类型。工业、服务业的快速发展促进了人口向城市的集聚，导致居住空间快速扩张，通勤需求急剧增长，由此形成了工业、服务业空间与居住空间的紧密关联[18]。②从用地角度看，居住、工业、服务业用地在城市中占据绝对优势地位。《城市用地分类与规划建设用地标准》（GB 50137—2011）对各类城市空间比例进行了规定，其中居住空间、工业空间分别占城市建设用地的 25%～40%、15%～30%。就全国而言，中国土地勘测规划院发布的《全国城镇土地利用数据汇总成果》显示，截止到 2016 年 12 月 31 日，全国城镇用地面积中，住宅用地面积 31 590 km²，占 33.5%；工矿仓储用地 26 790 km²，占 28.4%；商服用地 6 980 km²，占 7.4%，三者合计达 69.3%。可见城市演化过程中，工业、服务业、居住空间既是城市空间的主要类型，也是产城融合的主体。

因此，开展产城融合研究应首先从空间关联入手，通过空间关联定量手段，以居住空间为基点，厘清居住空间—工业空间、居住空间—服务业空间两个核心关联问题，进而探究城市空间关联的一般规律。

1.1.3 以扬州为案例背景的典型性

把扬州作为产城融合研究的案例城市，具有城市空间的历史典型性和中等城市"有城无产""有产无城"两类问题凸显的现实典型性。

（1）城市空间的历史典型性

作为历史文化名城，扬州形成了以 5.09 km² 的明清古城为核心、各历史时期形成的城市空间依次环绕的同心圆结构。第一，各历史时期城市空间结构的完整性有利于从中长时间跨度开展空间关联研究。①封建社会时期，长江、大运河交汇的地理优势和盐业经济使扬州成为全国重要的商品集散地，由此推动了城市服务业和手工业的繁荣。扬州明清古城至今保留着较为完整的街巷体系，散落着大量的服务业、手工业历史遗存，如以服务业空间命名的彩衣街、皮市街、灯草行等，以手工业空间命名的皮坊街、打铜巷、铁货巷等，通过街巷的空间结构研究可揭示居住空间、工业空间、服务业空间的关联关系。②计划经济时期，扬州曾先后成为苏北行政公署、扬州专区驻地，较高的行政地位促进了工业经济的快速发展，该阶段先后形成以机械、化工等重工业为主的宝塔湾工业区,以电子、日用品等轻工业为主的五里庙工业区,由此形成居住空间与工业空间的关联关系。③市场经济时期,扬州出现了"开发区热""新城热"现象,先后建设了扬州经济技术开发区、扬州高新技术产业开发区、维扬经济开发区、广陵产业园等市、区两级开发区,以及新城西区、广陵新城等新城。由于开发区、新城功能单一,产生了"有产无城""有城无产"等产城分离问题。第二,作为历史文化名城,扬州的典型意义还在于历史文化遗存保护导致的内城区"有城无产"问题较为突出。扬州是全国为数不多历史空间保存完好的城市之一,5.09 km² 的明清古城受到严格保护,工业、服务业空间被禁止或限制发展,明清古城居住功能单一,人口老龄化现象严重,由此导致"有城无产"问题较为突出,因此以空间关联为突破口,破解古城保护与产业平衡发展具有较强的现实意义。

(2)中等城市"有城无产""有产无城"两类问题凸显的现实性

改革开放以来,中国城市处于快速扩张过程中,"有城无产""有产无城"两类问题在以扬州为代表的中等城市较为突出。一是城市居住空间过度扩张带来的"有城无产"。这类问题一般发生于产业基础较为薄弱的中西部城市,如内蒙古鄂尔多斯、宁夏海原等。在土地财政等因素驱动下,土地城镇化快于人口城镇化,新城建设脱离产业需求,空心化问题严重,国家发展改革委城市和小城镇改革发展中心研究显示,云南某中等城市新区出让土地中,居住用地高达 74.63%,商服用地占 15.53%,工业用地只有 5.24%。《2017 中国城镇住房空置分析》也显示,以省会为主体的一线城市住房空置率仅为 16.8%,而以地级市为主体的二线城市空置率达 22.2%。二是服务业、居住空间相对薄弱导致的"有产无城"。这类问题一般发生于东部产业基础较好但城市承载力、人才吸引力和高端业态集聚力相对薄弱的中等工业城市,如昆山、江阴等。以昆山为例,2018 年昆山地区生产总值(GDP)达到 3 832 亿元,以不足全国万分之一的土地面积创造了全国超千分之四的 GDP。但随着经营成本提升,不少企业逐步将工业企业转移至成本更低的中西部地区,人口逐步流失;同时随着中国经济发展核心要素已从土地、劳动力等有形要素转向技术、制度、文化等无形要素,这类城市由于能级较低,城市基础较为薄弱,难以吸引高端人才落户,阻碍了产业的进一步转型升级[19]。

扬州位于江苏省中部,经济发展水平、城市规模均位居全省中游,"有城无产""有产无城"两类问题均不同程度存在,是较为典型的案例城市。在 21 世纪初的开发区建设热潮中,仅扬州市主城区就建设了扬州经济技术开发区、扬州高新技术产业开发区、维扬经济开发区、广陵产业园等市、区两级开发区,开发区内以单一工业空间为主,居住、服务业空间发展滞后,环境污染严重,工业空间活力不足,"有产无城"现象较为突出。与此同时,2000 年以来的房地产开发热潮也催生了一批以中高端住宅为主的新城,如扬州市新城西区,这类新城以单一居住空间为主,由于缺乏产业支撑,住宅空置率较高,人口呈"潮汐式"通勤,"有城无产"现象也较为普遍。

因此，以扬州为案例，可破解历史文化名城快速发展过程中遇到的"有城无产""有产无城"两类问题，为新型城镇化发展提供产城融合的现实路径。

1.2　研究意义

1.2.1　理论意义

空间关联是地理学第一定律的核心内容，居住空间与工业空间、居住空间与服务业空间关联是城市空间关联的集中体现。针对城市空间关联研究空间精度不够、时间跨度不够、研究方法较为缺乏等问题，本书从社区空间尺度、近百年时间跨度、创新蜂巢网格法等多研究方法等角度出发，进一步深化了城市空间关联的理论基础。集中体现在：①通过中心距离法，开展中长期居住、服务业、工业空间关联研究，揭示近代以来以扬州市为代表的中等城市增量空间扩张方向关联的变化；②通过蜂巢网格等方法，研究居住—工业空间关联形态的变化；③通过最小二乘法、地理加权回归模型研究居住空间变化所引起的服务业数量、密度和多样性变化，揭示空间属性关联的微观机理。通过空间扩张方向关联、空间形态关联、空间属性关联，揭示了产城融合背景下空间关联的过程和机理，构建了城市空间关联的理论基础。

1.2.2　实践意义

本书以扬州为典型案例，以空间关联为理论基础，厘清产城关系问题的历史脉络、空间表征、空间机理，着力破解历史文化名城、中等城市"有城无产""有产无城"两类问题，寻找产城融合优化路径，为历史文化名城和中等城市发展提供了典型范式和模式借鉴。

扬州作为全国首批历史文化名城，在各历史时期均具有较为突出的典型意义，具备从中长时间跨度、微观视角开展空间关联的研究条件，可为中国中等地级市、历史文化名城发展提供典型范式和模式借鉴。

①封建社会时期。在封建社会时期，扬州是江淮地区政治中心，汉、唐、宋、元四朝先后是吴国（广陵国）、淮南道、淮南东路、河南江北行省等省级机构治所；明、清两代为扬州府治所，具备封建社会区域行政中心的"城"特征。扬州位于长江、运河交汇之地，自大运河开通以来，就是南北交通枢纽，商贸业繁盛，有"扬一益二"之称，具备封建社会区域物资交流中心的"市"特征。

②中华人民共和国成立后，扬州一度是中共苏北区党委、苏北行署机关所在地，较高的行政地位加速了工业经济的发展，通过没收（官僚资本）、新建和迁建等模式建立了一批国有企业，形成扬州城区工业经济基础。改革开放后，扬州工业

化进程明显加快，规模经济"扬州现象"效应明显。20 世纪 90 年代，扬州连续 3 年工业产值位居全省第三，重工业、轻工业经济总量全省第一，工业经济对城市发展推动作用明显。

③21 世纪以来，服务业和高新技术产业在现代城市经济结构中占据重要地位。2017 年，扬州服务业占比已达 45.94%，作为研究区主体的广陵区和邗江区服务业占比分别达 61.6%、58.4%，从业人员占比均在 50% 以上。高新技术产业发展也十分迅速，至 2017 年，高新技术产业产值已达 4 219.5 亿元，在规模以上工业产值中占比达 45%。

1.3　研究目标、思路与内容

1.3.1　研究目标

本书以扬州市主城区为研究区，以产城融合为研究背景，采用蜂巢网格、地理建模等方法，以居住空间为切入点，通过研究中华人民共和国成立前、计划经济时期、福利住房与市场化双轨制时期、住房体制市场化全面推进期、住房体制市场化调整完善期 5 个阶段居住空间演化过程，分析居住空间的时空演化规律及其与工业、服务业空间的关联规律。具体目标如下：

①揭示居住空间时空特征。通过目视调查法，搜集研究区社区尺度的物质、社会、经济层面数据，进而分析古城区、单位社区、商品房社区、保障房社区 4 类居住空间的结构特征；通过研究区中长时间跨度的历史地图数据，聚焦各历史阶段居住空间演化的历史背景、空间格局，并对各历史时期典型社区内部居住、工业、服务业空间分布及空间关联进行分析，在此基础上归纳居住空间的演化特征。

②揭示居住空间—工业空间、居住空间—服务业空间关联格局。在居住空间时空分析的基础上，通过中心距离法、蜂巢网格法、地理加权回归模型等方法，分析居住空间与工业空间的空间扩张方向和空间形态关联、居住空间与服务业空间的空间扩张方向和空间属性关联。

③揭示居住空间—工业空间、居住空间—服务业空间关联的综合过程和关联机理，提出产城融合路径。通过居住、工业空间和服务业空间在各历史时期关联过程的还原和机理揭示，根据关联强弱将产城融合问题分为"有城无产""有产无城"两类，对两类问题多发区进行诊断，结合城市内部子区域的产城融合特点提出空间融合、文化融合、社区建设等融合路径。

1.3.2　研究思路

本书按照居住空间时空演化特征，居住空间与工业空间、服务业空间关联，空间关联机理揭示及产城融合优化路径的思路展开。

1) 居住空间时空演化特征

居住空间是空间关联研究的起点。本书主要从现状特征、演化特征两个视角开展居住空间研究：

（1）居住空间现状特征

该部分从社区尺度分析居住空间的结构变化，有三个作用：①根据居住空间开发方式和形成年代将居住空间划分为古城区、单位社区、商品房社区、保障房社区，通过对上述社区的分析，为居住空间演化研究奠定基础。②通过对古城区、单位社区、商品房社区、保障房社区的特征分析，归纳总结各类社区的现状问题，为开展路径和对策研究创造条件。③分析各社区的物质、社会、经济特征，将上述特征与服务业空间兴趣点（Point of Interest，POI）的数量、密度、多样性特征进行关联分析，从社区尺度建立居住—服务业空间属性层次的空间关联。

（2）居住空间演化特征分析

该部分从时间视角开展居住空间的演化研究，主要有三个作用：①分析居住空间格局的演化过程，提取居住空间演化的一般规律，上述结论将与工业空间、服务业空间演化过程相结合，通过中心距离法从量化角度得到三类空间扩张方向的关联度。②分析居住空间与工业空间的形态关联，得到空间形态关联的一般结论，该结论将通过蜂巢网格法进行定量证明。③通过对居住空间演化特征的分析，厘清居住空间、工业空间、服务业空间演化的一般过程，并在此基础上提取产城分离问题发生的空间规律及一般机理，为产城融合路径优化提供理论基础。

2) 居住空间与工业空间、服务业空间关联

居住空间与工业空间、服务业空间关联是本书的核心，是居住空间时空演化特征研究的自然延伸。将空间关联分为三种类型：一是空间扩张方向关联，二是空间形态关联，三是空间属性关联。工业空间、服务业空间由于其生产机制、空间外部性等方面差别巨大，因此与居住空间的关联内容有所差异。

（1）居住空间与工业空间关联

居住空间与工业空间关联主要体现为空间扩张方向和空间形态两种类型。①空间扩张方向关联主要分析居住空间与工业空间中心距离的变化，从而得到两者关联方向的一致性。②空间形态关联主要基于蜂巢网格法，作用在于分析居住、工业空间在微观地域的组合形态。

（2）居住空间与服务业空间关联

居住空间与服务业空间关联主要体现为空间扩张方向和空间属性两种类型。①空间扩张方向关联主要分析居住空间与服务业空间中心距离的变化，从而得到两者关联方向的一致性。②空间属性关联主要揭示居住空间物质、社会、经济特征的空间变化对服务业空间 POI 的数量、密度、多样性特征的影响程度，进而得到两者的关联机理。

3）空间关联机理

空间关联机理揭示及产城融合路径优化是空间关联研究的最终归宿，作用在于将前向空间关联的实证分析提升至理论和政策层次。

（1）理论提升

由于各历史时期空间关联主导机制有所不同，因此需要对零散的工业空间、服务业空间关联结论进行系统梳理和总结，对各历史阶段城市内部各类空间关联强度进行分析，揭示空间关联发生的机理。

（2）政策提升

通过关联机制分析，提出空间融合、文化融合、社区建设等融合路径。

1.3.3 研究内容

本书的研究内容主要包括扬州市居住空间现状与特征，扬州市居住空间演化与特征，扬州市居住空间与工业空间关联格局，扬州市居住空间与服务业空间关联格局，以及居住空间关联演化、机理揭示与产城融合优化路径。

（1）扬州市居住空间现状与特征

①开展居住空间的物质、社会、经济三个层次的属性分析，揭示居住空间属性的空间结构。②依据居住空间开发方式和形成年代将居住空间划分为古城区、单位社区、商品房社区、保障房社区四类，分析四类空间的物质、社会和经济特征，揭示上述特征形成的一般机理。

（2）扬州市居住空间演化与特征

①将研究区居住空间分为中华人民共和国成立前（1556—1948 年）、计划经济时期（1949—1978 年）、福利住房与市场化双轨制时期（1979—1998 年）、住房体制市场化全面推进期（1999—2009 年）、住房体制市场化调整完善期（2010—2017年）5 个历史阶段。首先分析各历史时期政治、经济背景及其对居住空间格局形成的影响；其次利用 Ripley's K 等方法判断居住空间格局，分析新增居住空间热点，找出历史背景与空间热点之间的关联关系；最后分析典型社区居住空间与工业、服务业（包括生产性服务业、生活性服务业）空间的关联度。②在上述分析基础上，总结居住空间演化的时空规律。

（3）扬州市居住空间与工业空间关联格局

①开展空间扩张方向关联分析。阐述中华人民共和国成立之前至 2017 年扬州工业空间扩张的一般过程；采用中心距离法分析居住—工业空间关联方向的一致性。②空间形态关联。采用蜂巢网格法，设定蜂巢居住空间包含率、单蜂巢工业居住空间比率、单蜂巢工业空间比率 3 个指标，分析各阶段居住—工业空间关联形态。

（4）扬州市居住空间与服务业空间关联格局

①开展空间扩张方向关联分析。阐述中华人民共和国成立之前至 2017 年扬州服

务业空间扩张的一般过程；采用中心距离法分析居住—服务业空间关联方向的一致性。②开展空间属性关联分析。采用最小二乘法、地理加权回归模型将居住空间的物质、社会、经济 3 个特征与服务业空间的 POI 数量、密度、多样性特征进行关联。

（5）居住空间关联演化、机理揭示与产城融合优化路径

①将扬州居住、服务业、工业关联过程分为 6 个演化阶段：混融同心圆形态、单向居住—工业随机融合扩张、单向居住—工业相邻融合扩张、单向居住—工业分离融合扩张、单向居住—服务业融合扩张、多向产城有机融合扩张，分析城市各阶段各区域居住空间—工业空间、居住空间—服务业空间的关联强度。②分析居住空间—工业空间、居住空间—服务业空间的空间扩张方向、空间形态、空间属性关联机理。③根据关联关系将产城融合问题分为"有城无产""有产无城"两类，针对各区域产城融合特点提出空间融合、文化融合、公共服务共享等融合路径。

1.4 研究方法与技术路线

1.4.1 数据调查方法

本书的研究数据主要通过目视调查法、文献调查法、POI 数据调查法获取。①目视调查法。将城市规划过程中的起讫点（Origin-Destination，OD）调查法改进为目视调查法，从社区、小区尺度分析居住空间物质、社会和经济属性特征。②文献调查法。作为中国首批 24 座历史文化名城之一，扬州保留了大量城市空间演化文献，本书重点搜集了扬州城格局形成的明嘉靖三十五年（1556 年）至 2017 年近 500 年的地图资料。③POI 数据调查法。POI 数据是城市研究的海量数据，能够从微观层次推进居住空间与服务业空间关联研究，为此本书重点搜集了研究区 2017 年的 POI 数据。

（1）目视调查法

城市是人地关系相互作用最为强烈的空间地域，一直都是地理学研究的重点。目前城市地理学研究出现了两种趋向：一是关于"人"的研究更加丰富，从实证主义经济人逐步向行为主义、结构主义、人本主义的"复杂人"过渡。二是对城市空间研究趋向微观，由区—街道—社区逐步深入，结论也更逼近现实。但受统计制度约束，城市微观空间尺度数据较为缺乏。

为进一步将研究单元推进到小区居住空间尺度，本书使用目视调查法，具体方法是：①确定小区居住空间主出入口。确定小区居住空间统计对象，把人流量最大的出入口作为主出入口。②确定统计时间。出入口人流量与统计时间、星期、季节都有较大相关性，为统一口径，确定每天 8：00—18：00 为统计时间，统计日期定于春季工作日，抽取 30% 的小区居住空间于当年秋季进行验证。③进行人流量目视调查。对主出入口断面每小时人流量、人口年龄、性别进行目视统计。④进行车

流量目视调查。对主出入口每小时车流量、车辆品牌进行目视统计。⑤通过断面人流量、车流量目视调查，设定指标，确定小区居住空间的人口结构和社会结构。

（2）文献调查法

作为历史文化名城，扬州遗留了大量历史文献资料。为从更长时间跨度研究扬州居住、工业、服务业空间演化过程，掌握历史发展脉络，本书将资料搜集上界设定为今扬州城格局形成的明嘉靖三十五年（1556 年），重点为民国元年（1912 年）至 2017 年。资料类型主要为地方志和历史地图：①地方志，包括《嘉靖惟扬志》《康熙扬州府志》《扬州市志》《扬州城乡建设志》等；②历史地图，包括《扬州府城图》《江都县城厢图》《扬州市市区图》等 17 幅历史地图（附录 A）。

（3）POI 数据调查法

本书搜集 2017 年扬州 POI 数据，将其用于服务业空间分析，共搜集研究区服务业空间点位 20 467 个。数据包括医疗卫生，金融，运动休闲，购物，餐饮美食，生活服务，文化教育，宾馆酒店 8 大类、76 小类，点位包括空间位置、地址、类型等信息。

（4）其他数据调查方法

其他数据调查包括外业调查、网络调查方法。内容为居住空间物质特征（建筑年份、建筑结构、容积率）、居住空间经济特征（房地产价格、基准地价）等。

1.4.2　数据分析方法

（1）扬州市居住空间现状与特征

采用探索性数据分析和数据可视化方法对居住空间物质、社会、经济属性特征进行展示，分析物质、社会、经济属性特征的空间分布规律。

（2）扬州市居住空间演化过程与特征

①采用探索性数据分析方法和数据可视化方法对明代以来研究区居住空间演化过程进行展示，分析居住空间演化的一般规律。②利用 Ripley's K 等方法判断居住空间格局，分析新增居住空间热点，找出历史背景与空间热点之间的相互影响。在上述分析基础上，总结居住空间演化的时空规律，提出居住空间关联的一般假设。

（3）居住空间与工业空间关联研究

①空间扩张方向关联。采用探索性数据分析方法和数据可视化方法分析研究区工业空间扩张的一般过程，通过中心距离法分析两者空间演化方向的一致性。②空间形态关联。引入居住空间物质、经济、社会特征数据，通过蜂巢网格分析，分析居住—工业空间关联形态。

（4）居住空间与服务业空间关联研究

①空间扩张方向关联。采用探索性数据分析方法和数据可视化方法分析研究区服务业空间扩张的一般过程，通过中心距离法分析两者空间演化方向的一致性。②空间属性关联。采用最小二乘法、地理加权回归模型，分析社区服务业 POI 的数量、密

度、多样性特征与居住空间物质、经济、社会特征关联度[20-21]。③服务业空间格局。借鉴生态学多样性分析方法，采用香农-维纳指数（Shannon-Wiener Index）对服务业多样性特征进行定量化表述[22-23]。

研究方法总结见表 1.1。

表 1.1　研究方法总结

研究阶段	主要章节	研究内容	数据来源或调查方法
数据采集方法	第 4 章 扬州市居住空间现状与特征	居住空间物质特征	实地调查、网络调查
		居住空间社会特征	目视调查
		居住空间经济特征	网络调查、实地调查
	第 5 章 扬州市居住空间演化过程与特征	居住空间演化	文献调查
	第 6 章 扬州市居住空间与工业空间关联格局	工业空间演化数据	文献调查、网络调查 POI 数据库
	第 7 章 扬州市居住空间与服务业空间关联格局	服务业空间演化数据	文献调查法、 POI 数据库
数据分析方法	第 4 章 扬州市居住空间现状与特征	居住空间特征分析	探索性数据分析 和可视化方法
	第 5 章 扬州市居住空间演化过程与特征	居住空间演化过程分析	探索性数据分析 和可视化方法
	第 6 章 扬州市居住空间与工业空间关联格局	工业空间格局	探索性数据分析和可视化方法
		居住—工业空间关联	中心距离法、 蜂巢网格法
	第 7 章 扬州市居住空间与服务业空间关联格局	服务业空间格局	探索性数据分析和可视化方法、核密度分析法、生态学多样性分析方法（香农-维纳指数）
		居住—服务业空间关联	中心距离法
			最小二乘法、地理加权回归模型

1.4.3　技术路线

本书按照理论研究，居住空间时空演化特征，居住空间与工业空间、服务业空间关联，居住空间关联演化、机理揭示及产城融合优化路径的技术路线展开，如图 1.1 所示。

①理论研究部分包括第1章至第3章，主要介绍了国内外研究进展和数据调查方法等。

②居住空间时空演化特征包括第4章和第5章，分别对研究区现状空间特征和演化特征进行分析。

③居住空间关联研究包括第6章和第7章，分为居住空间—工业空间关联、居住空间—服务业空间关联两个部分，居住空间—工业空间关联内容包括扩张方向关联与空间形态关联，居住空间—服务业空间关联内容包括扩张方向关联与空间属性关联。

④第8章为居住空间关联演化、机理揭示及产城融合优化路径，该部分将居住空间—工业空间关联、居住空间—服务业空间关联整合起来，在此基础上揭示空间关联的机理，分析"有城无产""有产无城"两类产城融合问题的多发区，提出空间融合、文化融合、公共服务共享等融合路径。

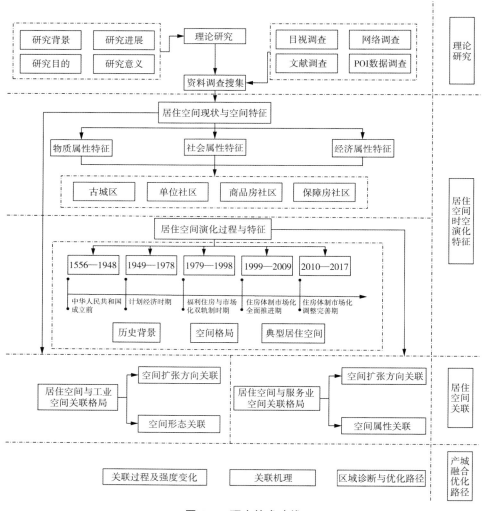

图1.1 研究技术路线

第 2 章　基本概念及研究进展

2.1　基本概念

2.1.1　产城融合

"产城融合"与"产城分离"相对，源于城镇化进程中产业园区布局远离居住空间，导致产业园区"生活空间发展落后于生产空间发展，城市功能建设滞后于产业功能发展"困境的出现，从而给城市居民工作就业、生活居住、交通出行带来了负面影响[24]。

张道刚最早明确提出产城融合理念，认为城市生活空间应与生产空间协同发展，通过生产空间发展推动居住空间内居民的社会需求，从而激发生活空间的内在活力；反之，生活空间功能的完善也为生产空间发展提供更优质高效的要素支持，增强产业发展的竞争力[11]。孙红军等对产城融合进行了进一步拓展，认为广义的产城融合可理解为工业化与城镇化的融合，狭义可理解为产业区与城区的融合。从融合内容角度看，产城融合涵盖经济、社会、文化、产业、生态、功能和空间等多层次内容[25]。融合空间形态包括主城区包含型、边缘区生长型、子城区依托型、独立区发展型等产城关系类型[26]。

本书"产城融合"重点在于空间融合，其中"产"指生产空间，包括工业空间、生产性服务业空间；"城"指生活空间，包括居住空间和生活性服务业空间。通过"产城融合"，促进居住、工业、服务业空间关联，降低互动成本，从而实现城市运行效率和人居环境的提升（图 2.1）。

2.1.2　空间关联

关联原意指"事物之间的相互依赖、相互影响、相互制约和相互作用关系"[27]。空间关联是关联这一概念在地理学上的拓展，指事物和现象在空间上的相互依赖、相互制约、相互影响和相互作用[28]。地理学空间关联含义起源于地理学第一定律，"地表所有事物和现象在空间上都是关联的，距离越近，关联程度就越强，距离越远，关联程度就越弱"[29]。空间关联存在于地理认知、空间数据组织、地理空间分析、地理空间建模等全过程[30]，是自然界存在秩序、格局和多样性的根本原因之一[31]，造成空间关联的主要原因在于位置的毗邻所造成的地表事物和现象之间的空间相互作用及空间溢出效应[32]。

空间关联导致地表事物和现象在地理空间上并不是独立、随机分布的，而是呈现一定的空间分布格局，可分为以下几种模式：①时间关联模式。时间不同、空间位置相同的事物和现象之间的关联模式。②空间关联模式。时间相同、位置不同的事物和现象之间的关联模式。③时空关联模式。时间不同、位置不同的事物和现象之间的关联模式。

本书在产城融合空间界定基础上将空间关联类型分解为空间扩张方向关联、空间形态关联、空间属性关联（图 2.1）。①空间扩张方向关联是指一种空间的演化引发另一种空间的跟随空间扩张，例如居住空间演化引发生活性服务业空间的跟随性演化，表现为服务业网点在居住空间周边的逐步增多。②空间形态关联指一种空间与另一种空间的接近性关系，这种接近性与空间的外部性有着较大关联，如居住空间与高污染工业空间的相离关系。③空间属性关联表现为以人类活动为媒介的空间相互作用，主要指居住空间与生活性服务业的消费关联，如学区居住空间附近房产中介、教育培训机构等生活性服务业空间的显著增多现象。

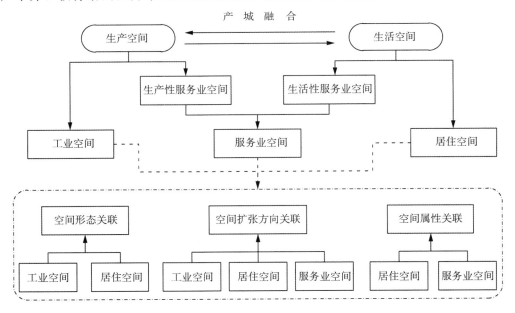

图 2.1　产城融合空间界定与空间关联类型

不同空间之间的主要关联类型有所差异。空间扩张方向关联是宏观尺度关联，居住空间与工业空间、居住空间与服务业空间均存在空间扩张方向的关联关系。空间形态关联是中观尺度关联，由于工业空间占地规模较大、与居住空间兼容性较低、空间边界较为清晰，因此与居住空间主要体现为空间形态关联关系。空间属性关联是微观尺度关联，由于服务业空间占地规模相对较小、与居住空间兼容性较高、空间边界较为模糊，因此与居住空间主要体现为空间属性关联关系。

2.1.3　居住空间

《雅典宪章》指出城市有居住、工作、游憩和交通四大功能，其中居住职能居于首要地位。Oldenburg 将居住空间称为"第一场所"，将工作空间称为"第二场所"[33]。居住空间常作为泛化名词被不同学科所采用，《城市社会空间的研究与规划》是中国第一篇明确使用居住空间概念的文章[34]，该文未对居住空间单独定义，其内涵与社会空间基本一致。1993 年，杜德斌从地理学角度第一次明确定义了居住空间概念，认为居住空间是"城市内部不同居住区域类型的空间组合形态"[35]。受 20 世纪 80 年代后兴起的"文化转向"影响，居住空间更多作为社会地理学术语出现，使用领域包括社会空间分异[36]、城市居住隔离[37]、居住空间演化[38]等。虽然诸多学者注意到居住空间具有物质、经济和社会等多维形态，但由于居住空间的物质、经济特征研究需大量数据支撑，而当时数据统计条件尚不具备，因此居住空间研究更偏向社会特征。2015 年，杨瑛在博士论文《西安市主城区居住空间格局与形成机制研究》中，从物质、经济和社会 3 个维度对居住空间进行了综合定义，认为"城市居住空间具有物质属性，这是由于城市居住空间是一种客观存在的物质单元，不同类型城市居住区在环境、基础设施、建筑方式等方面的差异直接导致了居住空间的格局分异；而城市居住空间的社会属性主要源于城市社会群体在价值观念、文化程度、经济收入等方面存在差异，从而直接反映在居住区的类型和区位属性"[39]。

目前，居住空间概念在学术研究中的主要问题在于空间尺度不够明确，既包括基于"五普""六普"的镇域空间[40]，也有更小尺度的社区或小区居住空间[41]，导致定量研究困难，结论差异较大。本书认为，居住空间作为"产城融合"中最重要的城市空间，有两个基本要求：①空间有界性。有明确的物理、产权或行政边界，能够进行物质、经济和社会 3 个层次的计量，便于采用计量方法对空间关联进行测度。②空间均质性。空间内部物质、经济和社会特征相对单一，能够成为空间关联研究的独立主体。

基于上述要求，本书将居住空间分为小区居住空间和社区居住空间，两者有明确的物理、产权或行政边界，有界性好；空间尺度小、均质性相对较好，可作为研究的基本单元。①小区居住空间主要指门禁小区，或将非门禁独门院落住宅按街巷划分的相对独立单元，小区居住空间是居住空间物质、社会、经济统计的基本单元。②社区居住空间指按社区或村界线划分的居住空间，若干小区居住空间构成社区居住空间。将小区居住空间物质、社会、经济统计结果汇总后，得到社区居住空间的物质、社会、经济等基本信息。

2.1.4　工业空间

工业空间指工业部门以及与工业生产相关的地域组合的空间表现，是工业各个部门在地域空间上的落实[42]。近代以来，工业成为大多数城市空间演化的主要动力。1949 年后，中国进入快速工业化时期，中国城市也经历了向工业城市的快速转型。21 世纪以来，工业在城市空间格局演化中的地位有所降低，但对服务业相对落后的中小城市而言，仍然起着至关重要的作用。

在产城融合研究中，工业空间扮演着重要角色。作为城市劳动力的主要吸纳场所，对居住空间演化起着重要的关联作用。进入 21 世纪，随着服务业地位和环保要求的提升，工业企业在空间演化过程中出现了显著分化，化学、钢铁等产业不断向城市远郊区的产业园区迁移，出现了以上述产业为核心的卫星城镇；而电子信息、生物技术等高科技企业则以近郊区为主，并与城市生产性服务业保持着密切的关联关系。

2.1.5　服务业空间

随着社会分工的逐步细化，服务业的服务对象从消费者扩展至生产者，产生了生产性服务业和生活性服务业的区别，生产性服务业和生活性服务业的集聚空间可统称为服务业空间。

（1）生产性服务业空间

生产性服务业指为保持工业生产过程的连续性、促进工业技术进步、提高生产效率而提供保障的服务行业，它是与工业直接相关的配套服务业，是从工业内部生产服务部门独立发展起来的新兴产业，不向消费者提供直接的、独立的服务效用。生产性服务业依附于制造业而存在，贯穿于企业生产的上游、中游和下游诸环节中，以人力资本和知识资本作为主要投入品，是二、三产业加速融合的关键环节[43]。

进入 21 世纪以来，中国工业化推进速度明显加快，为物流业、金融服务业、信息服务业等生产性服务业发展提供了广阔空间。在此基础上，2014 年国务院印发了《关于加快发展生产性服务业促进产业结构调整升级的指导意见》（国发〔2014〕26 号），并系统使用了生产性服务业这一概念。之后，国家统计局、国家发展改革委印发《生产性服务业分类（2015）》（国统字〔2015〕41 号），明确界定

了生产性服务业的范围。2019 年，国家统计局对《生产性服务业统计分类
（2015）》进行了修订，颁布了《生产性服务业统计分类（2019）》（国统字〔2019〕
43 号）。根据《生产性服务业分类（2019）》，生产性服务业包括为生产活动提供的
研发设计与其他技术服务，如货物运输、通用航空生产、仓储和邮政快递服务，信
息服务，金融服务，节能与环保服务，生产性租赁服务，商务服务，人力资源管理
与职业教育培训服务，批发与贸易经纪代理服务，生产性支持服务。

生产性服务业空间指生产服务业的部门或企业所占据的空间和场所。在城市
中，生产性服务业空间一般以写字楼为主要集聚方式，因此本书以写字楼作为生产
性服务业空间统计的主要参照。

（2）生活性服务业空间

生活性服务业指满足居民最终消费需求的服务活动。改革开放以来，国民收入
水平不断提升，人民群众对生活性服务消费提出了新需求，信息网络技术的应用拓
展了生活性服务消费的新渠道，新型城镇化等国家重大战略扩展了生活性服务消费
的新空间。在此背景下，国务院办公厅通过《关于加快发展生活性服务业促进消费
结构升级的指导意见》（国办发〔2015〕85 号）对生活性服务业发展提出了新要
求，并系统使用了生活性服务业这一概念。在此基础上，为科学界定生活性服务业
范围，2019 年，国家统计局颁布了《生活性服务业统计分类（2019）》（国统字
〔2019〕44 号）。

根据《生活性服务业统计分类（2019）》，生活性服务业包括 12 个领域：居民
和家庭服务，健康服务，养老服务，旅游游览和娱乐服务，体育服务，文化服务，
居民零售和互联网销售服务，居民出行服务，住宿餐饮服务，教育培训服务，居民
住房服务，其他生活性服务。

生活性服务业空间指生活服务业的部门或企业所占据的空间和场所。在城市
中，早期生活性服务业在空间上以商业街形态集聚。随着城市居民可支配收入的增
加和消费的日益复杂化，商业综合体逐渐成为生活性服务业新的集聚形式。本书
中，生活性服务业空间按照 POI 数据进行统计，共计搜集生活性服务业空间点位
20 467 个，包括医疗卫生，金融行业，运动休闲，购物，餐饮美食，生活服务，文
化教育，宾馆酒店 8 大类、76 小类。

2.2　产城融合研究进展

2.2.1　国外产城融合研究

国外尚未出现与产城融合相对应的概念，但产城分离问题也不同程度存在。国
外产城融合研究最早起源于霍华德（Howard）的田园城市理论，霍华德认为城市

一方面需要为产业发展提供物质载体；另一方面，城市也应提供田园般良好的生活环境，促进人的全面发展，由此产生了产城融合概念。产城融合研究集中出现于1960—1970年代西方城镇化进程中，由于城镇化进程迅速，该时间段出现了卧城、卫星城、新城等新型城市空间[44]。上述新型城市由于空间功能单一且远离中心城区，加剧了交通拥挤、环境污染等城市病问题。经济学家古尔斯比（Goolsbee）总结了美国城镇化经验，认为"产业新城"发展要尽量避免城市产业单一问题，多种不同类型产业可为城市未来发展提供保障；当城镇化进入成熟阶段时，环境状况应有明显改善，实现高水平的城镇化[45]。但由于欧美国家更加重视通过市场力量解决城市病问题，认为通过市场的周期性调节，城市病能够得到自动缓解[46]；因此，有浓重行政调控色彩的产城融合发展理论并没有被直接提出，而是作为解决城市问题的理念融入城市建设之中[47]。

2.2.2　国内产城融合研究

国内产城融合研究相对较为充分，可从时代背景、融合理念、空间界定、动力机制、测度与评价、融合路径等角度进行阐述。

（1）时代背景

国内产城融合源于工业化、城镇化"双轮驱动"的历史背景。一是改革开放以来，工业园区快速发展，由于工业园区布局远离老城区，周边居住空间匮乏，工业园区员工的通勤成本加重，工业园区发展缺乏活力；二是新城建设偏重自然环境、公共服务配套要素，与生产空间日益疏离，由于缺乏产业支撑，部分居住空间入住率不高，城市通勤负担加重；三是高铁新城、大学城、科技新城等新产业空间不断出现，新产业空间往往过度突出某类生产要素对城市发展的拉动作用，忽视生产空间与居住空间的互动关系，往往人气不足，甚至出现"空城""鬼城"。

（2）融合理念

张道刚首先提出了产城融合理念，认为"产业是城市发展的基础，城市是产业发展的载体。两者是相伴而生、共同发展的"，"城镇化与产业化要有对应的匹配度"，要"引入与城市发展相适应和匹配的产业作为支撑"[11]。李文彬等[48]、沈永明等[49]从人本导向、功能融合和结构匹配方面阐述了产城融合的内涵，认为产城融合发展的核心是就业结构应与人口结构相匹配。只有产业结构、就业结构、消费结构相互匹配，才能促进真正的产城融合发展[49]。孙红军等认为广义的"产城融合"指产业与城市的融合；狭义的"产城融合"则主要指"产业区"与"城区"的融合[25]。邹德玲等将"人"这一要素纳入产城融合理念中，认为人的发展促进了产城融合各主体以及各要素之间的协调，是城市与产业之间的中间介质[50]。从产城融合理念演进的脉络中，可以发现产城融合概念逐步从空间主体转向人本主体，产城融合从"产—城"关系逐步转向"产—人—城"三者的关系，人口在"产城"

空间中的关联和中介作用愈发突出。

（3）空间界定

产城融合既是经济问题，更是空间问题，因此产城融合的空间内涵是这一理念在实践中应用的核心。目前，产城融合相关研究并未对"产""城"进行明确空间界定。经过统计发现，早期"产城融合"概念中的"产"更多针对工业空间；随着服务业在产业结构中占比的提升，越来越多学者将服务业纳入"产"的范畴，相关研究中"服务业"更多强调与工业空间的互动，可以断定"产城融合"中"产"的内涵实质是工业空间与生产性服务业的综合，即生产空间。相对于"产"，城区空间类型更为复杂，导致"城"的内涵更为模糊，这也是"产城融合"难以在中微观研究尺度深入的重要原因之一。目前，诸多学者关于"城"的内涵更多集中于通勤成本压缩、人居环境提升等方面，由此可以推断，"城"更多指生活空间，包括居住空间、生活性服务业空间等。

（4）动力机制

石忆邵认为产城融合包括内部和外部两种动力，前者包括产业关联、技术创新机制，后者包括规划引导、政策支持、法律监督等[2]。沈永明等人通过文献研究，发现产城融合机制包括：①集聚与扩散机制；②政策导向机制；③产业升级驱动机制；④城市功能转型机制[49]。但总体而言，由于"空间关联"研究尚不深入，动力机制成为产城融合研究的薄弱环节。

（5）测度与评价

目前产城融合的测度和评价一般基于产城融合的内涵、目标，通过建立相应的指标体系，进行综合评价，具体包括聚类分析法[51]、组合赋权和四格象限法[52]、主成分分析法和复合系统协调发展模型[53]、灰色关联分析法[54]、因子分析与熵值法[55]。上述方法的共性在于通过指标体系对产城融合进行定量评价。主要不足有三点：①指标体系制定较为随意，结论不够客观。②没有对"生产空间""城市空间"进行明确定义，导致指标的现实和指导意义不够突出。③指标体系侧重于经济数据，如 GDP、财政收入、研发投入强度等，空间数据相对较少，而融合本身具有空间含义，特别是居民的通勤、消费空间距离对产城融合具有重要影响。

（6）融合路径

魏祖民总结了 5 种产城融合发展模式：①旧城改造提升型，通过旧城区改造，提升产业发展能力；②城市综合体拓展带动型，通过建设城市综合体，带动产业和城市同步发展；③产业园区拓展转化型，通过产业园区提升转型，使单一生产转向功能复合的新城区；④都市功能区带动提升型，通过都市型功能区块建设，提升生产和生活的服务水平；⑤形成引领型，通过新建现代化城市或城区，将产城融合理念贯穿于新城发展过程[56]。周海波从制造业与服务业集聚区互动的角度提出了产城融合的四种空间模式：①主城区包含提升模式；②边缘生产模式；③点轴拓展模式；④卫星城组团发展模式[57]。

2.3　居住空间研究进展

2.3.1　国外居住空间研究

欧美发达资本主义国家城镇化起步较早，对居住空间研究也较为深入。主要起源于对工业革命后"贫民窟"、工人绝对贫困化等新现象的关注。面对人类历史上从未出现的城镇化浪潮，国外学者对居住空间研究经历了"物质空间—社会空间—经济空间"的渐进过程，由此形成生态学派、新古典经济学派、行为学派、马克思主义学派和制度学派等不同流派[58]。

（1）居住空间的物质层面

前工业化时期，城市作为农村经济的"附属品"，主要承担行政、服务业中心职能。由于缺乏独立产业，西方城市的人口和用地规模增长缓慢[38]，加之发展水平低下，城市对外部生态环境影响较小，"人地关系"较为和谐，因此居住空间独立研究成果相对较少[59]。

18世纪下半叶以来，英国、法国、德国、美国等国家相继开展工业革命，兴起了如利物浦、曼彻斯特、纽约、芝加哥等一批工业城市。工业使城市从封建社会的行政和服务业中心转变为生产中心，城市人口和用地规模急剧扩张，产生了不同阶级居住空间分化、贫富差距加剧等城市问题，引发学术界对居住空间问题的日益关注。从物质层面改善居住空间，建设新型城市成为诸多学科关注的焦点。这一时期代表性成果包括霍华德（Howard）的田园城市理论（1898年）、柯布西耶（Corbusier）的现代城市设想（1922年）[60]、索里亚（Soriay）的线形城市理论（1882年）、戛涅（Garnier）的工业城市理论（1917年）、埃纳（Henard）关于巴黎改建的相关研究（19世纪下半叶）、西谛（Sitte）的城市形态研究（1889年）、格迪斯（Geddes）的城市进化学说（1915年）等。重视规划实践是早期居住空间研究的显著特点，提出的规划思想对当时的城市建设也很有针对性，但对城市结构特征及其演化过程研究相对薄弱，对失衡的社会空间也未能给予充分的解释。

20世纪后，西方城市进入成熟期。火车、电车、汽车等交通工具使城市居住空间形态发生较大变化，酝酿于霍华德田园城市理论的"分散"发展思想开始得到重视。①新城运动（New Town Movement）理论。通过建设卫星城，将过于密集的中心城市人口和就业岗位疏解到周边区域，防止中心城市居住空间环境的不断恶化，代表性研究成果如哈罗新城、伦康新城、密尔顿·凯恩斯新城等。②有机疏散（Organic Decentralization）理论。代表性研究成果为沙里宁（Saarinen）的《城市：它的发展、衰败与未来》，沙里宁认为城市与自然界的所有生物一样，是有机集合体，城市建设应遵循自然法则，在此基础上沙里宁分析了有机城市的形成条件，提出了有机城市建设的相关对策[61]。③广亩城市（Broadacre City）理论。代表性研究成果为赖特（Wright）的《消失中的城市》，该理论将分散发展理论推向极端，认为现代城市并不能适应现代生活需要，应通过汽车通勤，发展分散、低密度的产城融合型广亩城市。

该阶段，柯布西耶所倡导的通过大城市结构重组，在内部解决城市问题的"集中"思想也在不断发展[62]，如集聚经济理论[63]、城市带理论[64]、世界城市理论[65]、世界城市假说[66]等。

上述物质层面居住空间研究均以欧美发达资本主义国家为原型。中国与欧美国家在发展阶段、历史文化、气候条件相去甚远，不能简单套用。日本、韩国与中国历史文化、气候条件较为相近，拉美国家与中国经济发展水平较为相近，因此日韩、拉美地区居住空间研究具有很强的借鉴意义。

首尔作为韩国政治、经济和文化中心，采取了区域一体化发展模式，但城市内部不平衡发展现象也较为突出[67]。根据社会经济发展背景、政策转向等因素将首尔居住空间演化划分为三个时期：1961—1971 年为开放型工业化时期；1972—1981 年为工业新城建设时期；1982—1987 年为首尔都市区建设时期[68]。第一阶段，工业化是国家战略核心，居住空间处于"自由发展"状态，导致城市人口爆炸性增长。第二阶段，大量外来移民导致城市居住环境恶化，低收入阶层在城市边缘集聚，形成"贫民窟"，迫使韩国政府不得不正视居住空间与工业空间的协调发展问题，主要手段是由政府出资建设安置小区，通过工业外迁疏解城市压力[69]，为此韩国政府相继制定了《住房建设促进法》（1972 年）、《宅地开发促进法》（1980 年）。第三阶段，首尔从单核心城市转向都市区建设，围绕首尔建设仁川等京畿道地区城镇群，由政府通过开发"公益性住房"、轨道交通，引领居住空间结构的良性转变[70]。

东京是日本政治、经济和文化中心，建城史可追溯到的镰仓时代（1185—1333 年），武藏国城主上杉定正在今东京中央区皇居一带建造江户城，当时东京主要作为地方封建主的统治中心。德川幕府建立后，东京成为全国政治中心，城市以东京湾为核心，呈弧形向外扩张，城市空间以居住、商服业为主，商服空间位于东京湾沿岸地区，居住空间位于商服空间外侧圈层。明治维新后，居住、工业空间沿铁路线混合延伸，城市从以东京湾为核心的弧形向星形转变[71]。第二次世界大战后，随着日本经济的高速发展，东京从单中心城市向多中心城市转变，并于 20 世纪 70 年代相继建设了横滨、浦和、千叶、川崎、筑波等次级中心[72]。与纽约、伦敦等大城市相比，东京在服务业发展的同时，工业也得到了进一步强化，上述新城承接了东京的工业外迁，如横滨的造船和汽车产业，川崎的运输、建筑产业，千叶的机械、钢铁产业，筑波的高科技产业等。与伦敦、纽约等世界主要大城市相比，东京产城融合较为紧密，人口虽然高达 1 300 万，机动车保有量超过 800 万辆，但并没有大城市普遍存在的交通拥堵现象[73]。

拉美国家在发展中国家中城镇化率最高，与中国经济发展水平相近，具有较强的参考价值。与北美城市相比，拉美国家考迪罗体制盛行，城市经济与大地产、大庄园主联系密切，因此城市结构与美国有一定差异。在这一背景下，格里芬（Griffin）和福特（Ford）提出了拉美城市的 Griffin-Ford 模型[74]：①拉美城市市中心一般由中央商务区（Central Business District，CBD）占据，但比北美地位更加突出，除商务功能外也有娱乐与行政中心。②拉美城市普遍存在商业脊柱（Spine），表现为 CBD 高层写字楼、高档住房的延伸。③拉美城市住房质量随 CBD 距离增加而降低，棚户区在城市外围大面积分布，棚户区中居住着由农村地区迁居的低收入人群。豪厄尔（Howel）针对阿根廷城市特点，对 Griffin-Ford 模型进行了 3 点修正：①城市形状由圆形变为正方形。②商业脊柱有所缩短。③将工业园区纳入模型，以适应工业化程度更高的阿根廷城市[75]。福特（Ford）针对 20 世纪 20 年代拉美工业化与中产阶级人数扩大的现状，对 Griffin-Ford 模型加以改进：①将市场和 CBD 分离，以反映拉美城市现代服务业的快速发展。②商业脊柱尽头增加了大型购物中心，与逐渐提升的中产阶级购买力相适应。③城市外围出现工业空间，反映拉美城市已从消费或行政职能转向工业生产职能。④居住空间出现了中产阶级、精英阶级的空间分化[76]。拉美国家其他居住空间研究还包括：博尔斯多夫（Borsdorf）等以瓦尔帕莱索、圣地亚哥等智利大都市区为例构建了拉美门禁社区城市模型[77]；约瑟夫（Joseph）等以加勒比地区典型城市太子港为例对 Griffin-Ford 模型进行了进一步验证[78]；阿尔瓦雷斯（Álvarez）研究了墨西哥城市墨西卡利（Mexicali）、美利达（Mérida）等 32 座中等城市的空间演化过程，认为 Griffin-Ford 模型并不适用于拉美中小城市[79]。

（2）居住空间的社会层面

居住空间的物质层面研究由于缺乏综合性，对城市空间结构形成机制的探索并不成功。在这一背景下，20 世纪初居住空间逐步从物质向社会经济层面深入，其中以生态学派最为典型。该学派采用阶层、生命周期和种族 3 个指标描述社会群体在城市的空间分布，并借鉴"生态隔离""入侵和演替""竞争"和"优势"等生态学观点分析和解释特定类型城市居民的活动和分布，把城市居住空间的变化看成生态竞争过程[80]。该学派代表模式包括同心圆模式、扇形模式、多核心模式、洛杉矶学派"游戏盘"图式。

第一，同心圆模式。同心圆模式是发展较早的一种城市结构理论，核心在于解释城市内部居住空间分异。该理论最早出现在帕克（Park）、伯吉斯（Burgess）、麦肯齐（McKenzie）共同发表的《有关城市环境中人类行为研究的建议》（*The City Suggestions for the Investigation of Human Behavior in the Urban Environment*）一书中[81]。该理论认为：①城市发展以中心商务区为中心，呈同心圆扩张。中心商务区位于内环，以高架轨道与外界分割。环绕中心商务区的其他地带分别被定义为过渡区、工人住宅区、一般住宅区以及通勤区。②过渡区是第一代贫困移民居住的地方，是环形地带中流动性最强的一个区域。③过渡区之外是工人住宅区，主要为过渡区迁移出来的第二代产业工人，以私有住宅为主。④工人住宅区之外为一般住宅区，相较于过渡区与工人住宅区，这里有更好的居住环境，居民多为在中心商务区工作的中产阶级。⑤最外环为通勤区，指距离中心商务区 30～60 分钟车程的郊区或卫星城市。同心圆模式除空间分异特点外，还具有演化性质：①当新移民取代目前居住于过渡区的第一代移民空缺后，环形区域不断扩大。②各环状区域逐渐发展，向外侵占下一个环状区域，从而形成入侵与继承过程[82]。

第二，扇形模式。继同心圆模式之后，霍伊特（Hoyt）在《美国城市居住社区的结构与发展》（*The Structure and Growth of Residential Neighborhoods in American Cities*）一书中提出了扇形模式[83]。霍伊特通过对美国 142 座城市的研究发现，城市以楔形或扇形沿街道轴向外扩展。在此基础上，以亚当斯（Adams）为代表的一批地理学家对扇形模式进行了持续研究[84]。①基于对美国 20 个城市的调查结果，发现"发展空置链"（Motion Vacancy Chain）促进了扇形模式的发展。②通过对圣保罗—明尼阿波利斯楔形轴线周边住宅空置率进行研究，证实了扇形模式的演化过程：高收入家庭从城市中心区域迁居至城市近郊交通走廊，导致城市中心区域房地产价格整体下降，社会财富也随着高收入家庭的搬迁而流向城市郊区；随着城市近郊交通走廊沿线持续衰败，高收入家庭又会搬迁至城市远郊交通走廊沿线，由此形成"发展空置链"。

第三，多核心模式。哈里斯（Harris）、乌尔曼（Ullman）提出多核心模式，认为大都市地区的城市增长和发展围绕着多个经济活动中心进行，大都市不仅有 1 个中央商务区，同时还拥有 1 个大规模的轻工业中心、1 个重工业中心、1 个外围服务业中心以及郊区工业。与同心圆、扇形模式以居住空间为主要研究对象不同，多核心模式研究对象不仅包括居住空间，也包括工业、服务业空间。①第 1 个占据主导区位的是中央商务区，中央商务区不一定位于城市地理中心，由于城市地形地貌差异，也可能位于城市边缘，如芝加哥、洛杉矶等。中央商务区是城市交通设施的焦点所在，位于城市中交通最方便的地区，以减少城市通勤成本。②批发和轻工制造业中心通常毗邻中央商务区，该区域交通便利，以方便劳动力快速通勤。③重工业中心位于城市边缘，地块面积较大，但交通便利。④居住空间分化为高收入阶层、中产阶层和低收入阶层三个部分，高收入阶层位于地势较高、排水良好的区域，远离空气、噪声污染，而低收入阶层处于工厂和其他环境较差的区域。⑤从卫星城分离出来的住宅郊区和工业郊区与市中心相隔很远，每天只有很少的通勤车来往于两者之间[85]。

第四，洛杉矶学派（Los Angeles School）"游戏盘"图式（图 2.2）。洛杉矶学派在 20 世纪末期的全球化、后工业化浪潮中逐渐兴起。与 20 世纪初期在工业化、城镇化背景下诞生的芝加哥学派不同，以信息服务业为基础的新经济模式加剧了贫富两极分化，城市内部经济活动更加分散，加速了城市连绵区的形成[86]。1986 年《社会与空间》杂志洛杉矶特刊的推出标志着洛杉矶学派的形成。洛杉矶学派的主要代表人物包括迈克尔·迪尔（Michael Dear）[87]、爱德华·W. 索加（Edward W. Soja）[88]等。以信息和服务业为基础的新产业经济更加强调技术创新、组织变革、要素优化等新生产要素，因此洛杉矶学派的新产业空间布局更为"扁平化"，城市中心具有的控制与影响能力在该模式中被显著削弱。因此，洛杉矶学派的城市模型中并没有发挥控制与影响能力的城市中心。同时，由于洛杉矶都市区种族与贫富差距问题交织，加之受到新马克思主义学派代表人物亨利·列斐伏尔（Henry Lefebvre）影响，该学派对"空间正义"问题尤为关注。该学派代表人物之一爱德华·W. 索加（Edward W. Soja）认为全球化力量带来的经济重构加强了企业对劳动力市场的控制与分割，以职业、技术能力水平高低产生的劳动力两极分化愈演愈烈，在地理空间上加强了种族间、不同收入群体间的隔离现象[89]。

图 2.2　洛杉矶学派"游戏盘"图式[87]

（3）居住空间的经济层面

居住空间的经济层面研究一般从家庭偏好和住宅需求入手，通过建立城市空间模型，对住宅选址、地价空间等问题开展研究。

居住空间的经济层面研究发端于杜能（Thünen）的农业区位论[90]，韦伯（Weber）[91]、克里斯塔勒（Christaller）[92]、勒施（Losch）[93]也分别对工业、服务业区位进行研究。此时居住空间并不是地理学家或经济学家关注的重点。

第二次世界大战后西方城市经济快速恢复，住房问题成为城市快速发展中的重要矛盾之一，有关居住空间的经验研究开始出现，其中以人口距离衰减模型最为典型[94]。之后，阿隆索（Alonso）综合了艾萨德（Isard）的区位论观点，将杜能的农业土地利用分析框架应用到城市中[95]，建立了阿隆索地租模型[96]。阿隆索地租模型将竞租曲线应用于城市空间内，通过家庭效用函数及预算约束，以到市中心的距离、消费的土地数量及商品数量作为影响家庭效用函数的变量，构建城市活动的地租竞价曲线，为城市经济学的发展提供了理论基础[97]。米尔斯（Mills）[98]、穆特

(Muth)[99]在阿隆索的基础上建立了阿隆索-米尔斯-穆特模型（简称"AMM 模型"），该模型将家庭效用函数中的住房替换为土地，由于住房生产需要土地和非土地投入，所以家庭对土地具有派生需求，这一需求取决于家庭对住房的偏好和住房的生产函数特征。

随着城市住房消费升级，AMM 模型缺乏社会经济构成、人口密度、空气质量或公共服务等环境特征的弊端越来越明显，如家庭在对住房进行竞价时，不仅要评价可达性，更要考虑周边环境特征，由此得出的住房价格与建筑、环境的关系被称为奢侈品价格方程[100]。对奢侈品价格关系的解释依赖于偏好、信息、迁移成本、供给弹性、住房存量的耐久性等[101]。罗宾逊（Robinson）指出两种方法能将环境偏好引入住宅区位理论：一是对单中心模型进行修改，将"环境"定义为面状区域并赋以一定分值[102]；二是将住房与环境对应关系标注于坐标系中相应区域[103]。

2.3.2　国内居住空间研究

与西方国家相比，中国长期处于计划经济时期，政府在居住空间建设、分配中占据主要地位，居住空间物质分化不够明显，导致中国居住空间研究主要沿"社会形态—物质形态—经济形态—综合形态"这一特殊路径展开。

（1）社会形态主导研究阶段

1980—1990 年代是居住空间的社会形态主导阶段。中国居住空间社会形态研究较为早熟，主要借鉴了西方国家城市社会地理学相关理论。该阶段，由于房地产市场尚未真正建立，福利分房仍占主体地位，城市内部居住空间物质差异较小，因此居住空间研究主要基于文化职业层次、人口密度等因素，研究方法主要为因子生态分析。本阶段居住空间研究不足在于：①相关研究集中于社会空间划分，缺乏物质、经济形态基础；②城市统计数据缺乏，社会空间划分主观性较强；③多为进行实证分析或简单套用西方城市社会空间模型，未形成社会空间典型模式。

1980—1990 年代中期是居住空间社会形态研究的萌芽阶段。该阶段，虞蔚借鉴欧美城市社会空间划分中普遍采用的因子生态分析方法，采用人口集聚作用、人口文化职业构成等因子，对上海市社会空间进行了划分，该研究虽然采用了因子生态分析方法，但并未采用相应数据进行佐证[34]。随着住房制度改革的逐步推进，房地产市场逐步建立，个人对居住空间选择的自主性越来越高，社会空间分异现象逐步产生，欧美国家城市空间结构理论也相继引入[104]。珠江三角洲、长江三角洲地区由于住房制度改革推进较早，相关研究也较为深入。杜德斌等[105]、许学强等[106]以深圳、广州为例，较早量化分析了居住空间分异现象，将城市社会空间划分为工薪家庭、高收入家庭、单身和夫妻家庭、"空巢"家庭和"外来人口"五种类型，分析预测了各类住户居住选址的基本倾向。李志刚等从社区尺度，基于"五普"数据，采用生态因子分析方法，将上海市社会空间划分为计划经济时代建设的工人居住区、外来人口集中居住区、白领集中居住区、农民居住区、新建普通住宅居住区、离退休人员集中居住区[107]，构建了上海市社会空间结构模型，认为受计划经济影响，中国社会空间分异程度弱于西方国家[108]。

1990年代后期，随着住房市场化制度改革深度推进，居住空间的社会形态研究成果逐渐增多，热点集中于北京、广州、南京等地，研究集中于理论基础、动力机制、空间演化、对策研究等方面。

第一，理论基础。吴启焰等认为激进马克思主义流派的社会空间统一体理论应当成为城市居住空间分异研究的理论基础[109]。黄怡则持多元化观点，认为居住空间研究应更加综合化，人类生态学派（社会学视角）、都市人类学派（文化视角）、空间经济学派（经济视角）、新马克思主义学派（政治视角）等多研究视角更加适用中国居住空间发展的实际情况[110]。

第二，居住空间演化动力机制。周峰等以南京市为例，指出社会空间分异动力机制包括产业郊区化导致的居住空间外迁、住宅的商品化、经济收入差异、居民择居行为4个方面[111]。吴启焰等认为居住空间分异机制包括居住空间分化及个体择居行为机制两个方面，政府、地产企业、金融信贷业、地产物业机构、城市规划机构是导致空间分异产生的5种动力[109]。

第三，居住空间选择。早期居住空间以满足"刚需"为主，居住空间选择偏重硬件条件，如住宅面积、住宅类型、住宅设备配置、住宅户型和住宅区位等，其中住宅面积、住宅区位成为首要要素[112]。该阶段家庭居住空间行为理论开始发展，研究表明，个人经济收入、家庭结构、社会文化背景、就业情况以及个人偏好对居住空间选择行为影响较大[113]。

第四，居住空间形态演化。吴启焰等将南京居住空间分为传统、计划经济和转型期3个时期，社会空间群体包括富豪、中上、中等、蓝领、农民工等阶层，但该研究未划分地理统计单元，结论具有推断性质[114]。黄吉乔将上海居住空间分为开埠之初至1949年、20世纪50至80年代、20世纪90年代以来3个时间段，发现不同时间段社会空间分异主导因素有显著差别[115]。邢兰芹等依据1990年代以来西安市523个住宅开发项目及相关信息资料，将居住空间演化分为中华人民共和国成立前的商住混杂格局、1990年代以来的老城区内填充插补、1990年代以来的新区建设开发3个时期[116]。

第五，对策研究。针对社会空间分异负面影响已初现端倪，加大住区周边的城市公共设施投入、物质环境与社区文化建设并重、健全社会化服务体系、关注老龄群体等政策措施也相继提出[117]。

（2）物质、经济形态主导研究阶段

2000年代是居住空间物质、经济形态研究主导阶段。该阶段居住空间研究更侧重居住空间物质、价格形态的空间差异。1998年之后，住房制度改革加速推进，居住空间建设逐步由政府转变为房地产企业主导，住房完成了从社会福利向一般商品的转换，导致居住空间物质、经济形态差异的显化[118]。该阶段研究存在的不足包括：①仍然没有解决居住空间均质单元划分问题，所用数据多为"四普""五普"数据，一手数据相对较少；②尚未认识到居住空间的物质、经济、社会层次性，将居住空间分异等同于社会空间分异。但相对而言，由于房地产市场的充分发育，居住空间物质、经济层次数据明显增多，为居住空间综合研究奠定了良好基础，结论也更为可靠。

第一，居住空间形态研究。该阶段诸多学者对城市居住空间形态进行了系统总结，代表形态包括单中心加幂指数[119]、多核心空间[120]、带状[121]、扁平化多中心＋外围小中心[122]等。空间形态形成包括经济、制度等动因：①经济动因。表现为房地产开发及其衍生价格因素对城市空间分异的作用，以老城区改造和新区建设最为突出[123]；除价格机制外，大规模的房地产开发还导致门禁社区的大量崛起，城市社会空间趋向碎片化，社区邻里关系日益淡漠[124]。②制度动因。廖邦固通过 Duncan 分异指数定量测度居住空间分异，发现中华人民共和国成立前居住空间分异严重，计划经济时期有所降低，转型期又明显上升，原因是土地使用制度变迁及其引发的城市空间组织模式的转变[125]。③其他动因。其他动因还包括城市地貌[126]、区域功能[127]、空间情感[128]、外资企业的"空间嵌入"[129]、私家车拥有率[130]等。

第二，微观尺度研究。微观尺度研究在该阶段不断出现，如廖邦固等对上海的社区尺度的研究[125]、许妍等[126]对大连的居住小区尺度的研究等，上述研究以社区、居住小区为基本研究单元，能够更好地将居住区容积率、建筑面积、房价、楼高等指标融入空间分异研究，得到更加微观的结论。

第三，"绅士化"研究。随着城市的过度扩张，城市边缘区公共服务设施配套相对不足的劣势逐渐凸显，城市中心区的价值被再度发现，城市更新成为城市中心区"绅士化"的独特路径。袁雯等发现南京市主城区大规模、高强度的空间功能置换既加速了内城区"绅士化"进程，也促进了中低价商品房、经济适用房、拆迁安置房等政策保障住房的郊区集聚，加速了居住空间的分异[131]。何深静等分析了广州市城中村社区的"学生化"问题，认为"学生化"最终导致"绅士化"还是"蚁族化"存在不确定性[132]。

在研究方法方面，除了传统生态因子法，由于地理信息技术的蓬勃发展，一些新的方法也不断出现，如人工智能法[133]、住宅价格数据反推法[134]、生态指标法[135]、文化划分法[136]、密度分析法[137]、结构方程模型[138]等。

在研究区域方面，本阶段居住空间研究呈现分散化趋势，研究区域从北京、上海、广州、南京扩展到郑州[139]、杭州[140]、长春[141]、合肥[142]、吉林[143]等。

（3）综合研究阶段

2010 年代是居住空间综合研究阶段。该阶段物质、经济、社会空间融合研究趋势不断增强，研究尺度更加微观，一般基于乡镇（街道）或社区（村）尺度。

随着国家统计制度的日益完善，居住空间物质、经济和社会层次数据更加丰富，综合性研究开始出现。如强欢欢等使用了人口规模、家庭规模、职业构成等11个指标[144]。周春山等使用了6类67个变量，如住房用途、住房年代、住房来源等[145]。蒋亮等为克服人口普查数据的时滞性，增加了互联网房地产价格数据[146]。孙彩歌等则增加了别墅、高档商品房、一般商品房、商品化安置房、保障性住房、职工宿舍、城中村、老城区住宅和其他住房等居住类型数据[147]。

随着该阶段居住空间分异转向微观研究，居住空间数据来源成为制约微观研究的主要约束。董南等提出了精细尺度概念，通过遥感影像提取了居住建筑斑块面积、斑块内建筑面积占比、建筑物层数、公摊率等居住空间信息，并以宣城市为例进行空间分异验证[148]。申悦等[149]、柴宏博等[150]等开展了基于生命个体的居住空间迁居、就业选择研究。随着空间分析方法的引入，三维研究方法[151]、GWR（地理加权回归）方法[152]也不断应用于居住空间研究。

2.4 空间关联研究进展

2.4.1 居住空间与工业空间关联研究

（1）国外居住空间与工业空间关联研究

18世纪末期的工业革命极大地推动了城市发展，开启了全球城镇化进程。作为城市空间扩张的主导动力，工业空间引发了地理学者的极大关注。早期工业空间研究一般基于均质空间假设，韦伯、霍特林、廖什分别开创了工业空间研究范式。韦伯重点研究了投入决策导向的单工厂区位选择问题，霍特林、廖什研究了产出决策导向的寡头垄断问题[153]，韦伯的劳动费用指向论还注意到了不同居住空间劳动力费用差异对工业空间布局的影响。

第二次世界大战后工业空间研究逐步从理想化均质空间过渡到更加复杂的城市背景。早期一般设定厂商集聚于城市中心商务区，从而将工业空间视为外生变量，居住空间完全由工业空间所决定。随着西方城市郊区化进程的加速，新城市中心不断出现，单中心模型受到了现实挑战[154-155]，多中心模型成为主流。总体而言，西方国家居住—工业空间关联可分为三个阶段：第一阶段是20世纪早期的居住空间郊区化，受内城环境恶化、交通拥挤等因素影响，城市富裕阶层逐步搬迁到郊区居住，由此出现了"卧城"现象，此时居住、工业空间逐步分离[156-157]。第二阶段始于20世纪中叶，受内城地价和环境成本提升的影响，工业郊区化趋势逐步出现，此时外迁企业主要为环境污染严重、占地面积广的资本密集型企业，居住空间与工业空间关联度不高[158-159]。第三阶段始于能源危机后的70年代，以电子工业为代表的高科技产业逐步兴起，这些企业对人力资本要求较高、环境负外部性相对较低，两者之间又出现了融合趋势[160]，表现为工业空间对企业职工迁居行为影响逐步增大[161]，其中以旧金山湾区高科技产业空间与居住空间的融合发展最为典型[162-163]。

（2）国内居住空间与工业空间关联研究

国内居住—工业空间关联研究可分为计划经济和市场经济转型两个时期。

计划经济时期，"单位"既是城市生产单元，也是生活单元，因此居住—工业空间关联研究以"单位制"最为典型。该时期居民职住接近、土地混合利用、公共服务设施齐备，生产、生活、消费空间高度重合，居住、工业关联表现在空间、经济、社会多个层面，两者有强烈的依附关系[164-165]。

市场经济时期，以单位为核心的社会空间逐步瓦解。随着城市"退二进三"进程的加速和主城区人口的外向疏散，中国城市"郊区化"趋势明显，出现了以工业空间为主的开发区和以居住空间为主的"新城"，两者的空间割裂引发了职住分离，职住平衡的研究开始大量出现。郑思齐等[166]、宋金平等[167]在国内学者中较早开展居住与工业空间关联研究，发现郊区产业化与居住郊区化不同步，造成了就业空间错位现象。刘碧寒等将北京细化为 1 km×1 km 网格单元，通过就业—居住平衡指数进行匹配分析，发现内城区呈就业指向，外城呈居住指向，居住—就业呈显著分离特征[168]。湛东升等从社会属性视角分析北京市居住空间与就业空间的关联特征，发现北京市职住平衡度整体呈现由内圈层到外圈层递减的趋势，高收入阶层和年轻白领的职住平衡度相对较低，年轻打工族居住和就业平衡度相对较高[169]，认为北京城市居住和就业空间结构形成主要受到历史力、市场力、政府力和个体力等因素共同作用[170]。周素红等使用熵权法，对"四普""五普"居住与就业人口空间分布规律进行空间演化分析，发现随着广州从单核心转变为多核心城市，居住与就业空间分布更为均衡，两者之间关联显著[171]。在中小城市中，焦华富等对芜湖的研究具有典型意义，该研究发现芜湖市居住—就业空间匹配度趋于下降，主要原因在于集聚效应影响下，城市内部各区域主导功能趋向专业化，导致居住空间与就业空间的分离[172]。目前职住平衡研究方法包括多项 logistic 回归[173]、多源轨迹数据挖掘[174]、结构方程模型[175]等。

计划经济、市场经济时期居住—工业空间关联结论可概括为：不同体制下形成的居住、工业空间格局有所差异，单位制社区居住—工业空间关联总体稳定，商品房社区的居住—工业空间关联相对较低[176]。居住—工业空间关联影响因素包括制度因素[177]、社会因素[178]、历史因素[179]等。

2.4.2　居住空间与服务业空间关联研究

（1）国外居住空间与服务业空间关联研究

居住—服务业空间关联一直是商业地理学研究的重点[180]。早在 19 世纪 20 年代，以克里斯塔勒为代表的新古典主义学派在空间均质与消费者理性假定前提下，创立了中心地理论。但空间均质与消费者理性假定极为严苛，削弱了其对现实的解释能力。在新古典主义学派基础上，国外服务业空间研究逐步发展为行为、结构和后现代主义等学派，其中行为主义学派对居住—服务业空间关联研究最为深入[181-182]。

行为学派认为不同社会、经济阶层的消费者由于认知、决策和行为的差异，将会对服务业空间结构的形成产生影响[183]。汤普森（Thompson）和哈夫（Huff）最早建立了消费者选择和决策行为的 Huff 模型，并对决策行为的主观距离变量进行了检验[184-185]，此后地理学家不断对 Huff 模型加以改进，先后形成 Lakshmanan-Hansen 模型[186]、Stanley-Sewall 模型[187]。

近 20 年来，行为学派对居住—服务业空间关联研究趋于微观，主要研究社区尺度下居住空间与服务业空间的相互作用。研究表明，消费者由于年龄、教育程度、种族不同而产生消费结构差异[188-189]；反之服务业空间结构差异也可能影响社区对高收入群体的吸引能力，进而对居住空间长远发展产生影响[190-191]。就社区居住空间人口结构而言，低收入和少数民族社区生活服务业发展水平较低，这些社区的消费者由于缺乏服务业选择机会而比一般社区承受更高的价格[188,192]。在服务业类型中，社区人口结构对快餐业、杂货店影响最小[193-194]，对连锁超市、银行影响相对较大[195]。就居住—服务业空间关联方向而言，贫困社区的居住空间距服务业空间更远，以芝加哥为案例的研究表明，当地少数族裔社区超市服务业服务半径达 2 英里（约 3.22 km），远远大于一般社区[196]。居住与服务业空间的关联还体现在"绅士化"进程中，以纽约为案例的研究表明，内城服务业空间"复兴"与人口"绅士化"同步，出现了高档餐馆、咖啡馆、精品超市等服务于中产阶级的服务业空间[197]。

（2）国内居住空间与服务业空间关联研究

国内居住—服务业空间关联研究起步相对较晚，主要从行为地理学、居住—服务业空间结构关联两个角度展开。

行为地理学的研究思路在于以消费者行为为纽带，探究居住—服务业空间关联。周素红等发现居民消费行为与居住—服务业空间的类型、区位存在密切的关系，可根据空间关联关系，将居住空间分为传统服务业中心周边的传统邻里街区、新服务业中心周边的单位小区、传统的生活区、外围商品房小区、外围经济适用房小区 5 类[198]。张文佳等将居民购物行为分为只有购物活动的出行、有工作活动的购物出行、其他非工作活动的购物出行 3 类模式，发现居住区位对居民消费出行模式有显著影响[199]。

空间结构研究思路在于通过居住—服务业的数量相关性，分析两者之间的空间关联强度。唐晓岚发现居住空间人口的年龄、财富结构与服务业空间结构之间有显著关联关系[200]。叶强等通过居住与服务业空间的匹配分析，发现两者在城市中心及次中心区相关度最高，在城市边缘区相关度最低，但在空间上不断趋于平衡[201]。郭付友等发现长春市服务业空间与居住空间整体属于混融状态，服务业空间扩展速度总体慢于居住空间、工业空间[202]。申庆喜等发现居住空间高强度扩张是城市功能空间低耦合近域扩展的重要原因；城市核心区耦合度均高于外围区域，外围区域则处于低耦合的快速扩张状态[176]。

总而言之，国内居住—服务业空间关联研究多集中于市、区级尺度。由于社区尺度居住空间物质、经济、社会等多层次数据缺失，社区尺度关联研究相对较少。

2.5　研究述评

2.5.1　研究总结

（1）研究对象从单一转向综合

国外居住空间研究路径为"物质形态—社会形态—经济形态—综合形态"，国内研究路径为"社会形态—物质形态—经济形态—综合形态"，居住空间研究综合化是国内外研究的共同趋势。

就国内而言，早期居住空间研究更多是西方社会学理论的嫁接。由于当时居住空间建设、分配由国家主导，住房供需具有均一性，居住空间物质差异较小，更多体现在居住空间内部社会等级关系，而非区域层面；同时，房地产市场尚未建立，住房分配并不依赖价格机制，居住空间不具备经济属性。因此早期研究以更为主观的社会空间开始起步[203]。

随着社会主义市场经济改革的深化，城市居民收入差异扩大，居住空间不同层次需求由此产生，如高收入人群对环境、学区等居住空间要素更为关注。1998 年住房制度改革之后，房地产市场逐步形成，居住空间供给由国家主导转为房地产企业主导，房地产企业针对不同层次需求，实施差异化供给，由此导致居住空间的经济、物质差异逐步形成。在这一背景下，居住空间数据积累逐步丰富，学者有可能从社会空间研究逐步转向物质、经济层面的综合研究[204]。

（2）研究单元从宏观转向微观

国外早期研究一般以城市整体为研究对象，侧重城市空间模型建立，但从 20 世纪 80 年代以来，国外研究更加侧重社区空间，因此取得了不少微观研究成果。国内早期居住空间研究受统计限制，难以形成居住空间划分的基本单元，因此居住空间差异结论以主观为主，可信度相对较低。

随着房地产市场和国家统计制度的逐步完善，房地产价格数据、人口统计数据成为居住空间定量研究的主要数据来源，一般以街道（乡镇）为基本单元，与上述数据尺度相对应的人工智能法、住宅价格数据反推法被逐步采用；同时，为克服街道（乡镇）由于面积过大导致的空间非均质性，以宏观统计数据分析为基础、个体行为数据为补充的质性研究也逐步发展。

（3）从居住空间转向多空间耦合

早期研究聚焦居住空间本身，如居住空间划分、居住空间差异、居住空间演化等。但随着研究深入，更多学者意识到，城市居民的生产、生活是空间连续过程。因此，居住空间研究不断与工业空间、服务业空间相关联，由此形成了城市研究的统一体。将居住、工业、服务业空间耦合，提高城市运行效率、提升人居环境成为居住空间新的研究热点。

表 2.1 国内不同时期居住空间研究差异

内容	时期		
	1980—1990 年代	2000 年代	2010 年代
研究对象	社会层次	物质、经济层次	综合层次
空间因子	职业	房地产价格、用地类型、情感空间	综合指标体系
研究单元	经验划分	街道（乡镇）	街道（乡镇）、社区（村）
关注人群	—	贫困人口、拆迁安置人口	老龄化人口、学龄人口
研究方法	因子分析法	人工智能法、住宅价格数据反推法、文化划分	遥感影像解译法、GWR 方法、三维研究法、质性研究方法

2.5.2 当前研究不足

总而言之，国内城市发展阶段不同，加之研究者选取的空间关联测度方法存在较大差异，导致居住、工业、服务业空间关联研究尚未形成完整的规律认知，特别是以下 4 点有待进一步深入：

（1）产城融合机理尚不够明确

空间关联推动了居住、工业、服务业等多空间融合，具有较强的现实意义。可在以下 3 点上进一步明确或深化"产城"关联规律：①产城融合中"产城"空间内涵的进一步明确。②从中长期尺度研究产城空间关联，进一步提炼"产城"空间的一般演化规律。中国绝大多数城市均有百年以上历史，其中 1950—1970 年代的计划经济阶段对居住—工业空间关联产生了重要影响，而现有研究一般局限于改革开放后，难以提炼中国城市空间关联的中长时间跨度演化规律。③空间关联本质是人与人之间的联系，但目前产城融合研究偏重于"产城"宏观空间变动，对"人"在空间关联中的作用研究较为缺乏。

（2）空间形态、属性层次关联研究较为缺乏

现有研究对社区微观尺度居住空间的经济、社会特征分析不够，居住空间与工业、服务业空间关联研究仍不同程度沿用人口均质分布假定，致使空间关联研究停

留于空间扩张方向关联，空间形态层次、属性层次关联研究较为缺乏。就国外研究经验而言，居住—服务业空间关联多发生于高消费频率的社区级服务业空间尺度，而现有研究多集中于市级、区级服务业空间与居住空间的关联，由此导致对两者空间关联研究不够充分和全面。这是由于中国人口调查以镇（街道）为调查区，现有研究难以获得微观居住空间数据；虽然少量研究已深入至小区居住空间，但数据获取方式为抽样问卷调查或现场访谈，结论较为主观[205]。

（3）中长时间跨度居住空间关联研究较为缺乏

中国绝大多数城市均有百年以上历史，但现有研究局限于改革开放之后，对改革开放之前居住空间与工业空间、服务业空间的关联研究较为缺乏，而计划经济时期的城市建设对居住—工业空间关联产生了重要影响。因此，应从中长期跨度提炼空间关联的演化规律，进而为产城融合提供理论支撑。

（4）空间关联测度方法有待改进

现有空间关联测度一般适用于乡镇（街道）尺度，不适用于微观社区、小区尺度。微观尺度测度方法的缺失，导致居住空间关联研究方法集中于建立指标体系进行评价，缺乏机理分析。而事实上，无论是居住空间还是工业、服务业空间更多受微观环境影响，如工业环境污染对居住空间的影响往往在百米以内，乡镇（街道）尺度难以精确测度城市微观空间关联的演化过程，因此需要开展微观空间关联测度方法研究。

第3章 研究区基本情况与数据来源

对居住空间开展多层次、中长时间跨度和社区微观尺度研究是本研究的主要特色，因此建立相应的数据基础是开展居住空间时空演化及空间关联研究的关键。本章对研究区进行界定，主要介绍与居住空间密切关联的工业、服务业发展基本情况，居住空间、工业空间、服务业空间数据来源和处理方法。

3.1 研究区概况

3.1.1 基本情况

扬州位于江苏省中部、长江北岸、江淮平原南端，北纬 $32°15'—33°25'$、东经 $119°01'—119°54'$。东与泰州市、盐城市毗邻；西与南京市、安徽省滁州市接壤；北与淮安、盐城市交界；南濒长江，与镇江市一桥相通。京杭大运河与京沪高速公路纵贯南北，宁启铁路、沪陕高速横穿东西。2017 年，全市总面积 6 591.2 km²，常住人口 450.82 万人，市区面积 2 306 km²，常住人口 233.01 万人。

3.1.2 研究区范围

（1）研究区

本书以扬州市主城区为研究对象，具体范围设定为居住空间最为集中的启扬高速—仪扬河—古运河—沪陕高速—淮河入江水道围合区域，面积 191.23 km²，人口主要从事非农产业或兼业农业，常住人口数量约为 118.27 万人。区域内建设用地 132.56 km²，占比 69.32%；农用地 44.75 km²，占比 23.40%；未利用地 13.92 km²，占比 7.28%（图 3.1，表 3.1）[206]。扬州自古以来是江淮地区经济文化中心，各类城市空间发展较为充分。作为中国首批 24 座历史文化名城之一，研究区居住空间保留了独特的"年轮"式圈层格局，可按圈层距市中心距离及形成年代分为内城区、外城区和近郊区。

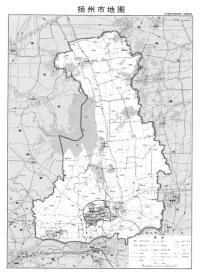

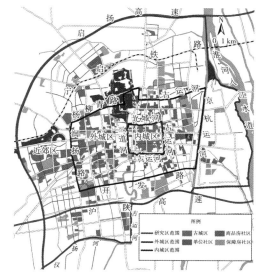

图 3.1　研究区范围

注：左图为江苏省测绘与地理信息局绘制的江苏省设区市标准地图之扬州市地图［审图号：苏 S（2019）014 号］。彩图见书末。

表 3.1　研究区各地类面积及占比

土地分类	建设用地			农用地	未利用地
	居民点及独立工矿用地	交通运输用地	水利设施用地		
面积/km²	119.02	10.77	2.77	44.75	13.92
占比/%	62.24	5.63	1.45	23.40	7.28

（2）内城区

北城河、古运河、二道河围合部分为内城区，距离城市中心约 1 500 m，面积 5.12 km²，常住人口 12.05 万人。内城区始建于明嘉靖年间，居住空间以独门院落形态为主，共计 18 个社区。

（3）外城区

范围为古运河—邗沟—保障湖—杨柳青路—润扬路—开发路—京杭运河围合地域，距离城市中心约 5 000 m，面积 48.32 km²，占研究区比例为 36.5%，常住人口 68.7 万人。外城区始建于 1949 年后至 21 世纪初，区域内无农用地，共计 59 个社区，主要居住空间类型为单位社区、商品房社区、保障房社区[207]。

（4）近郊区

外城区以外为近郊区，由启扬高速—仪扬河—古运河—沪陕高速—廖家沟所围合，距离城市中心约 10 000 m，面积 84.24 km²，占研究区占比为 63.5%，常住人口 49.57 万人。近郊区为现状拓展区，居住空间与农用地呈混杂状态，共计 79 个社区，主要居住空间类型为商品房社区、保障房社区、农村社区。

3.1.3 工业发展概况

民国时期，扬州城区工业企业仅有振扬电厂、麦粉厂、汉兴祥蛋厂3家现代工厂，其余均为酱品、漆器、玉器等手工作坊，私营工商户共计4 448户。

1949—1956年，社会主义过渡时期，通过没收、新建、迁建、资本主义工商业改造等办法建立了一批国营企业，形成扬州城区工业经济基础。①变敌产股份为公有制股份，成立第一家公私合营企业振扬电厂；②新建第一家国营企业苏北机米厂；③迁建苏北日报印刷厂、苏北大华棉织厂、304厂；④通过对资本主义工商业的改造，建立一批集体企业。至1957年，扬州城区建有现代工厂117家。

1957—1965年，"大跃进"和调整时期，工业经济波动较大，总体呈上升态势，但效益低下。1958年扬州市有10万人投入大炼钢铁运动；各行各业大办工厂，开展"千厂运动"，仅扬州市区就新办工厂700余家。由于加工工业发展超过原材料工业发展，工业增长超过农业承受能力，经济结构严重失衡，从1961年开始，工业产值连续下降，1961年环比下降27.2%，1962年环比下降20.1%，1963年环比下降7.3%。之后，工业经济开始回升，1965年比1957年增长2.28倍，年递增率达16.01%。

1966—1978年，"文革"及徘徊时期，工业生产秩序受到严重破坏。1967年工业产值环比下降15.7%，1968年环比下降10.1%；"文革"中后期，工业经济有所恢复。

1979—1999年，工业化进程明显加快，规模经济"扬州现象"效应明显（图3.2）。1996年，扬州市区有亚星客车、扬州柴油机厂、通运集装箱、江扬船舶等一大批规模企业，经济总量连续三年位居全省第三；重工业、轻工业经济总量全省第一，经济学家刘国光称之为"扬州现象"。1994年后，扬州工业经济增幅下滑(图3.2)[208-209]。

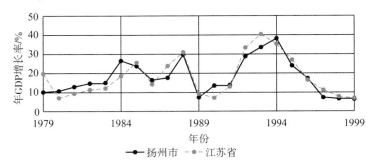

图3.2 1979—1999年扬州市区经济发展增速

数据来源：江苏省统计局，国家统计局江苏调查总队. 江苏统计年鉴2022［M］. 北京：中国统计出版社，2022；扬州市统计局，国家统计局扬州调查队. 扬州统计年鉴2022［M］. 北京：中国统计出版社，2022.

表 3.2　1979—1999 年扬州市区主要经济指标

年份	GDP/亿元	人均 GDP/元	三次产业结构比
1979	15.85	396	1∶0.93∶0.37
1980	17.56	434	1∶0.91∶0.37
1981	19.84	487	1∶1.09∶0.42
1982	22.77	554	1∶1.00∶0.42
1983	26.21	633	1∶1.05∶0.44
1984	33.18	798	1∶1.17∶0.51
1985	41.06	984	1∶1.06∶0.49
1986	47.83	1 141	1∶1.61∶0.58
1987	56.28	1 332	1∶1.79∶0.63
1988	73.00	1 711	1∶2.01∶0.74
1989	78.39	1 819	1∶2.07∶0.81
1990	89.05	2 048	1∶2.17∶0.93
1991	101.42	2 318	1∶2.18∶0.91
1992	130.67	2 975	1∶3.29∶1.25
1993	174.57	3 961	1∶3.49∶1.38
1994	241.33	5 457	1∶3.81∶1.60
1995	299.20	6 749	1∶3.55∶1.61
1996	351.15	7 903	1∶3.70∶1.78
1997	376.68	8 455	1∶3.55∶1.83
1998	401.60	8 997	1∶3.50∶2.02
1999	426.98	9 552	1∶3.54∶2.22

数据来源:《扬州》编委会. 扬州［M］. 北京: 当代中国出版社, 2010.

2000 年至今, 工业园区建设加快推进, 产业结构良性调整。随着宁启铁路、润扬大桥、京沪高速等一批交通基础设施建设完成, 扬州外部发展条件极大改善, 为对外开放、招商引资打造了新平台。在此背景下, 以扬州经济技术开发区、扬州高新技术产业开发区为代表的工业园区发展迅猛, 形成了以电气机械和器材制造业、化学原料和化学制品制造业、汽车制造业为代表的支柱性产业, 以新材料、新光源、高端装备制造、智能电网、节能环保、生物技术和新医药为代表的战略性新兴产业。2017 年，扬州市 GDP 达 5 064.92 亿元，年均增长 12.2%；人均 GDP 在苏中、苏北率先超过省均水平；三次产业结构由 1978 年的 43.4∶40.5∶16.1 调整到 2017 年的 5.2∶48.9∶45.9（表 3.3）。

表 3.3 2000—2017 年扬州市区代表年份主要经济指标

年份	地区	GDP/亿元	一产/亿元	二产/亿元	三产/亿元	人均 GDP/元
2001	全市	505.46	67.25	246.08	192.13	11 205
	城区	232.52	10.93	124.46	97.13	21 311
2005	全市	922.02	89.29	519.17	313.56	20 389
	城区	422.56	12.75	252.21	157.60	32 643
2010	全市	2 207.99	159.25	1 229.34	819.40	48 955
	城区	989.48	21.98	562.68	404.82	71 681
2017	全市	5 064.92	262.06	2 475.86	2 327.00	112 559
	城区	3 248.40	95.97	1 556.51	1 595.92	133 566

数据来源：《扬州》编委会. 扬州 [M]. 北京：当代中国出版社，2010.
注：2017 年数据含江都区。

3.1.4 服务业发展情况

封建社会时期，扬州位于长江、运河交汇之地，是东南物资转运中心，服务业在城市经济中占有重要地位。清朝末年至民国时期，由于漕运改道、盐利丧失，扬州下降为苏北商贸中心。此时，扬州服务业中心除原有小东门、多子街之外，辕门桥、教场等新服务业中心逐步崛起。抗日战争前夕，扬州有工商户 2 384 户；1937年底，日军占领扬州后，商服网点一度萎缩，至解放战争初期，工商户共计 1 600余户；至 1949 年前夕，有工商户 4 448 户，其中资金万元以上者仅 16 户，千元以上者 114 户。

1949—1956 年，社会主义过渡时期，国家对私营商服业采取利用、限制、改造政策，公营商服业蓬勃发展并逐步主导市场。1952 年底私营商服业共计 4 682家，1953 年增至 8 000 家。1956 年商服业实行全行业公私合营，商服网点下降至 1 184 家，从此扬州建立了以国营商服业为主导、个体商服业为补充的格局。在此期间，商服业以左卫街最为繁盛，主要商服中心还包括辕门桥、教场、小东门、彩衣街、东关街、多子街等。

1957—1978 年，公有制成为商服业的主要所有制形式。①1958 年"大跃进"期间，商服人员被抽调兴办工厂，网点大幅减少至 861 个。在此期间，商服业萎缩为以辕门桥为中心，国庆路、甘泉路、渡江路、广陵路四向发散的空间格局。②"文革"期间，商服业有所恢复，网点增加至 2 011 个，新建了以第一百货商店、人民商场为代表的商服设施，但空间格局未发生重大变化。

1979—1999 年，以国营商服业为主导，集体、个体商业共同发展的格局初步形成。①商服网点增多变大。商业中心范围逐步扩大，三元路、琼花路、汶河路沿线新建了一批规模较大的商业网点，年营业额千万元以上网点从 1980 年的 3 个增加到 1987 年的 10 个。②商服业多样性进一步丰富，经营范围从烟酒、服装百货发展到几乎所有工业、农副产品。③个体商服业发展迅速。1987 年国营网点 12 283 个，占 17.26%；集体网点 10 645 个，占 14.95%；个体网点 48 251 个，占 67.79%。新增网点几乎均为个体商业，国营、集体商业发展相对缓慢[210]。

2000 年至今，传统商服业逐步拓展为生活性服务业和生产性服务业。①传统商服业向生活性服务业转化，"服务"功能突出，"商业"功能淡化。文昌商圈初步形成，京华城、万达等区域性商服中心快速发展，商业综合体、超市、综合市场等新业态占据主导地位。②以信息、金融服务为代表的生产性服务业逐步兴起，特别是 2010 年以来，生产性服务业在服务业中的占比明显提升，作为生产性服务业的代表行业，软件和信息技术服务业在服务业中的占比已达 9.50%，成为扬州经济增长的新引擎。

3.2　居住空间数据来源

本书以研究区 460 个小区居住空间为研究对象，特征数据涵盖物质、社会、经济属性特征。其中物质属性特征指标包括建筑年份、建筑结构、容积率。社会属性特征指标包括人口数量、年龄结构、财富结构、通勤结构、入住率；经济属性特征指标包括小区居住空间均价（表 3.4）[152,211]。

表 3.4　居住空间特征分类

特征分类	指标
物质属性特征	建筑年份、社区面积、容积率
社会属性特征	人口数量、人口密度、年龄结构、财富结构、通勤结构、入住率
经济属性特征	小区居住空间均价

小区居住空间数据以 2017 年 12 月 31 日为调查基准时间，其中外业调查时间为 2017 年 5—6 月，2017 年 9—11 月。调查人员为扬州市职业大学资源与环境工程学院工程测量技术、国土测绘与规划专业学生。在后期数据统计中，对问题数据进

行了补充调查，补充调查时间为 2018 年 6 月。外业调查历时近 1.5 年。

3.2.1 物质属性特征数据

物质属性特征包括建筑年份、社区面积、容积率。数据来源见表 3.5。

表 3.5 居住空间物质属性特征数据来源

特征分类	数据来源
建筑年份	《扬州城乡建设志》、《扬州建设志（1988—2005）》、搜房网、扬州房产信息网、扬州物业网
社区面积	《扬州城乡建设志》、《扬州建设志（1988—2005）》、搜房网、扬州房产信息网、扬州物业网、外业调查、第二次全国土地调查数据
容积率	搜房网、扬州房产信息网、扬州物业网、江苏土地市场网、扬州市规划局网站、外业调查

3.2.2 社会属性特征数据

社会属性特征包括人口数量、年龄结构、财富结构、通勤结构。目前以社区、小区为基本单元的居住空间研究中，社会属性特征数据是居住空间数据获取的难点[212]。本书中社会属性特征数据综合了外业调查与遥感数据成果。

1）人口数量

（1）社区户均人口

以社区为单元的人口数据包括社区常住人口数、社区常住人口户数。上述数据来源包括《广陵年鉴（2017）》《邗江年鉴（2017）》《扬州城乡建设志》《扬州建设志（1988—2005）》、江苏政务服务网、扬州物业网。通过社区人口统计可求得社区户均人口，具体公式如下：

$$HP_c = \frac{POP_c}{HOU_c} \tag{3-1}$$

其中，HP_c 为社区户均人口，POP_c 为社区常住人口，HOU_c 为社区户数。

（2）小区理论人口数量

以小区为单元的人口数据包括理论人口数量和实际人口数量。理论人口数量为小区入住率为 100% 的人口数量，户均人口参照社区户均人口进行计算。

$$POP_{nc} = HOU_n \times HP_c \tag{3-2}$$

其中，POP_{nc} 为小区理论人口数量，HOU_n 为小区理论户数。

（3）小区实际人口数量

实际人口数量分为两类，小区建筑年份距今在 10 年以上的设定入住率为 95%，10 年内新建小区入住率由调查人员通过问询小区物业获得。

$$POP_{fc} = POP_{nc} \times OCCU \qquad (3-3)$$

其中，POP_{fc} 为小区实际人口数量，$OCCU$ 为小区入住率。

（4）小区实际户数

小区建筑年份距今在 10 年以上的设定入住率为 95%，10 年内新建小区入住率由调查人员通过问询小区物业获得。

$$HOU_{fn} = HOU_n \times OCCU \qquad (3-4)$$

其中，HOU_{fn} 为小区实际户数，$OCCU$ 为小区入住率。

（5）门禁小区理论户数

门禁小区理论户数优先选取既有资料，包括《扬州建设志（1988—2005）》、扬州物业网、扬州房产信息网、房天下网站。

既有资料缺失的，采取外业调查、遥感影像进行计算，计算方法为：

$$HOU_n = \sum_{j=1}^{n} \alpha_{ij} \times \beta_{ij} \times \delta_{ij} \times \varphi_{ij} \qquad (3-5)$$

其中，α_{ij} 为楼幢数，β_{ij} 为单元数，δ_{ij} 为楼层数，φ_{ij} 为楼层户数。j 为小区楼幢类型，楼幢类型分为低层（1~3 层）、多层（4~6 层）、小高层（7~11 层）、高层（12 层以上）。

（6）独门院落式非门禁小区理论户数

研究区内城区分布有独门院落式非门禁小区，首先按道路将其分割为虚拟小区，计算虚拟小区面积、社区户密度。其理论户数求取方法为：

$$HOU_n = \frac{HOU_c}{Area_c} \times Area_n \qquad (3-6)$$

其中 $Area_c$、$Area_n$ 分别为虚拟小区所在社区、虚拟小区占地面积，为进行人口测试，本书选取内城区东关街道教场社区、新仓巷社区，汶河街道常府社区、旌忠寺社区进行了社区户密度测算（$\frac{HOU_c}{Area_c}$）。上述 4 个社区中以独门院落居住空间为主，兼有少量服务业用地。经测算发现社区每 100 m² 户数在 0.66~1.57 之间，取其平均值，确定社区户密度为 1.01 户/100 m²（表 3.6）。

表 3.6　典型社区户密度

街道名称	社区名称	社区户数/户	社区面积/m²	社区户密度/ [户·(100 m²)⁻¹]
东关街道	教场社区	3 190	357 766	0.89
东关街道	新仓巷社区	2 238	250 981	0.89
汶河街道	常府社区	2 130	135 258	1.57
汶河街道	旌忠寺社区	2 033	307 054	0.66

2）人口密度

人口密度等于人口数量除以社区面积。

3）年龄结构

目前国内居住空间人口研究主要使用人口普查数据，以街道（乡镇）为基本单元，空间范围一般在 5 km² 以上。而居住空间人口分布更多受微观环境影响，街道（乡镇）均质性相对较差，分析精度有所欠缺，因此本书采用目视调查法，以小区为基本单元，对小区居住空间人口年龄结构和财富结构进行综合调查。

（1）目视调查法

行为地理学认为，人口按出行目的分为工作、上学、业务、购物、生活、文娱游憩，其中工作、上学、生活出行较为稳定，人流量更能反映小区人口基本状况。为此，须对调查时段进行限定，使调查时段小区人流量以工作、上学、生活等稳定出行目的为主，排除业务、购物、文娱游憩等随机出行人流量。

目视调查法时间。本书的目的在于通过人流量数据推测居住空间的年龄结构、财富结构、通勤结构，因此需排除随机出行人口的影响。具体方法如下：首先，排除天气、气候因素影响。随机出行受气候、天气影响较大，为尽量减小随机出行导致的统计误差，将调查季节限定为春秋两季且天气限定为非阴雨天气。然后，排除星期因素影响，将调查时间定为星期一——星期四。这是由于星期一——星期四出行量较为稳定。根据前期对研究区试点小区（扬州市文昌西路 116 号）连续 2 个星期的研究发现，单日最大出行量统计误差为 15.73%，表示该期间出行量基本以工作出行、上学出行为主，而星期五——星期日单日最大出行量统计误差达 31.2%，表明该期间出行量以文体活动、探亲访友、购物等随机行为为主[213]。最后，排除时间因素影响。调查时间限定为 8：00—18：00。这是由于扬州作为中等城市，通勤时间基本在 30 分钟以内，如以 17：30 作为下班时间，大多数居民在 18：00 之前即可到家；星期一——星期四，居民夜间活动也相对较少，18：00—19：00 时人流量仅占 17：00—18：00 时的 22.43%。因此 8：00—18：00 时间段基本以较为稳定的工作、上学、生活出行目的为主。本书目视调查法数据以 2017 年 12 月 31 日为调查基准时间，调查时间为 2017 年 5—6 月，2017 年 9—11 月，在后期数据统计中，对问题数据进行了补充调查，补充调查时间为 2018 年 6 月。总调查时间历时共计

1.5 年(表 3.7)。

表 3.7　目视调查法外业调查时间设定

限定因素	季节	星期	时间
内容	春秋两季,具体为 5—6 月、9—11 月,且为非阴雨天	除星期五的工作日	8:00—18:00

　　目视调查法地点。受调查的 460 个小区居住空间可分为两类,分别为门禁小区和独门院落式非门禁小区。第一类小区调查地点为小区主出入口,第二类小区调查地点为小区内主干道(附录 C)。

　　(2)年龄结构调查

　　年龄结构调查主要由"小区居住空间行人计数表"(附录 B,表 B1)反映,在上述调查时间、调查地点,通过目视确定小区居住空间断面人流的年龄与人数。年龄共分为 18 岁以下、19 至 35 岁、36 至 59 岁、60 岁以上 4 个区间。该调查表从8:00—18:00 每小时填写一份。

4)财富结构

　　财富结构主要通过小区居住空间调查断面汽车档次确定,通过"小区居住空间车辆计数表"反映(附录 B,表 B2)。根据国内最大汽车销售平台"汽车之家"(https://www.autohome.com.cn/)价格数据,按照 2017 年不同汽车品牌主流价格区间,将汽车品牌分为高档车(>50 万元)、中档车(15 万～50 万元)、低档车(<15 万元)3 个档次,具体见表 3.8。该调查表从 8:00—18:00 每小时填写一份。

表 3.8　各档次汽车主要品牌

汽车档次	主要品牌
高档车(>50 万元)	Rolls-Royce(劳斯莱斯)、Porsche(保时捷)、Bentley(宾利)、Benz(奔驰)、Spyker(世爵)、Lincoln(林肯)、Maybach(迈巴赫)、Bugatti(布加蒂)、Cadillac(凯迪拉克)、Ferrari(法拉利)、Maserati(玛莎拉蒂)、Lamborghini(兰博基尼)、Jaguar(美洲虎)、Aston Martin(阿斯顿・马丁)、Land Rover(陆虎)、Audi(奥迪)、BMW(宝马)、Volvo(沃尔沃)、Lexus(雷克萨斯)、Chrysler(克莱斯勒)
中档车(15 万～50 万元)	大众(Volkswagen)*、Jeep(吉普)、Smart(斯玛特)、Infiniti(无限)、Mazda(马自达)、Acura(阿库拉)、Subaru(斯巴鲁)、Mini(迷你)、Mitsubishi(三菱)、Saab(绅宝)、Buick(别克)、Alfa Romeo(阿尔法・罗密欧)、Chevrolet(雪佛兰)、Opel(欧宝)、Citron(雪铁龙)、Peugeot(标致)、GMC(通用)、Dodge(道奇)、Skoda(斯柯达)、Fiat(菲亚特)
低档车(<15 万元)	麒麟、莲花、海马、五菱、北汽、昌河、长安、东风、东南、华泰、江淮、江铃、力帆、启辰、众泰、长城、吉利、中华、比亚迪、广汽传祺、Hyundai(现代)、Kia(起亚)、Suzuki(铃木)

　　注:大众(Volkswagen)由于旗下系列产品较多,两厢车(如 Polo)归类于低档,三厢车(如 Passat)归类于中档。

5）通勤结构

通勤结构按人流量在不同调查时间比例划分，分为双峰型、平稳型、三峰型 3 类（表 3.9）。

表 3.9　通勤结构分类与定义

定义	时长/时	双峰型/个	三峰型/个	平稳型/个
8：00—9：00	1	25	20	—
9：00—11：00	2	—	—	—
11：00—14：00	3	—	35	—
14：00—16：00	2	—	—	—
16：00—18：00	2	25	20	—

6）入住率

对于建筑年份距今在 10 年以上的小区，设定其入住率为 95％。10 年内新建小区的入住率由调查人员通过问询小区物业获得。社区入住率取社区内所有小区入住率的算术平均值。

3.2.3　经济属性特征数据

经济属性特征包括小区居住空间均价。

对各小区居住空间进行房地产价格调查，数据来源包括：①网络爬取。基于 Scrapy 爬虫平台，在搜房网、扬州房产信息网抓取 2017 年各小区居住空间价格数据。②现场调查。主要通过房地产中介获得。由于网络搜集数据可靠性较差，选取 60％的网络数据样点现场核查建筑结构、使用年限、楼层、住宅朝向、装修条件、物业设备配套等；网络和现场搜集的数据为卖方报价，价格偏高，因此将样点价格与周边类似房地产价格进行对比，两者相差幅度不得超过 30％。

3.3　工业空间数据来源

3.3.1　工业空间地理信息数据

工业空间数据主要包括民国以来研究区范围内规模以上工业企业空间信息，共分为 8 个时段：1949 年前、1950 年代、1960 年代、1970 年代、1980 年代、1990 年代、2000 年代、2010 年代。

工业空间地理信息数据来源见表 3.10。①现状图件数据：2017 年度扬州市 POI 数据库。②历史图件数据：江都县城厢图（1921 年）、扬州城厢图（1950 年）、扬州市市区图（1952 年）、扬州城区图（1957 年）、扬州市市区图（1964 年）、扬州市地名图（1982 年）（附录 A）。

表 3.10　各时段规模以上工业企业数量

时段	工业企业数量/个	时段	工业企业数量/个
1949 年前	5	1980 年代	82
1950 年代	52	1990 年代	108
1960 年代	70	2000 年代	141
1970 年代	78	2010 年代	131

3.3.2　工业空间属性数据

工业空间属性数据包括企业类型、注册资本、住所、登记机关、经营范围等。

（1）工业企业历史信息

数据来源包括《扬州市志（前 486—1987）》《扬州市志（1988—2005）》《扬州城建史事通览》《江苏省扬州市地名录》[214]《扬州工业交通志》等地方志书，主要搜集企业的名称、企业地址、企业建厂时间、企业迁建时间、企业破产时间等，如《扬州市志（前 486—1987）》中册分工艺美术工业、机械工业、冶金工业、轻工业、食品工业、纺织工业、化学工业、医药工业、建筑材料工业、电子工业、乡镇工业、煤炭工业、电力工业 13 章，详细记载了研究区骨干企业名录、建厂时间、厂址等信息。后期将上述信息与历史图件相比对，完成研究区工业空间数据库，并制作成图。

（2）工业企业现状信息

包括工业企业类型、注册资本、住所、登记机关、经营范围等，信息来源包括国家企业信用信息公示系统（www.gsxt.gov.cn）、百度企业信用（https://xin.baidu.com/）。

3.4　服务业空间数据来源

3.4.1　服务业空间地理信息数据

研究区服务业空间地理信息主要来源于 2017 年度扬州市 POI 数据库，点位数合计 20 467 个。服务业数据可分为大类和小类，大类包括医疗卫生、金融行业、运动休闲、购物、餐饮美食、生活服务、文化教育、宾馆酒店 8 类，小类共计中餐、冷饮店等 76 类（表 3.11）。

表 3.11 服务业空间小类 POI 点位数

服务业大类	服务业小类	点位数/个	服务业大类	服务业小类	点位数/个
餐饮美食	中餐	1 464	购物	专卖店	1 511
	冷饮店	111		便利店	424
	咖啡	44		超市	516
	快餐	835		电器商场	457
	甜品店	21		服装鞋帽皮具店	1 875
	糕点店	151		副食品、地方特产	579
	自助餐厅	3		花鸟虫鱼	226
	茶艺馆	170		商场	64
	茶餐厅	2		书店	58
	西餐	20		特色商业街	19
生活服务	电力营业厅	8		特殊买卖场所	49
	电讯营业厅	178		体育用品店	58
	婚庆服务公司	36		文化用品店	86
	家政服务公司	31		烟酒专卖	621
	旅行社	115		药店	241
	美容美发店	949		珠宝首饰店	23
	人才市场	10		综合市场	421
	丧葬设施	8	运动休闲	博彩中心	249
	社会团体	14		度假疗养场所	4
	摄影冲印店	322		高尔夫	1
	生活服务	851		休闲相关	80
	事务所	96		影剧院	14
	售票处	8		娱乐场所	550
	维修站点	127		运动场馆	84

续表

服务业大类	服务业小类	点位数/个	服务业大类	服务业小类	点位数/个
生活服务	物流速递	158	文化教育	传媒机构	35
	洗衣店	148		活动中心	30
	洗浴推拿	536		驾校	40
	邮政	52		科研机构	80
	诊所	175		培训机构	256
	中介机构	600		文化场馆	53
金融行业	ATM	303		文艺团体	12
	保险公司	69		学校	355
	财务公司	67	医疗卫生	动物医疗场所	19
	银行	255		疾病预防机构	16
	证券公司	15		计划生育站	5
宾馆酒店	旅馆招待所	169		康复保健机构	8
	星级宾馆	525		献血站	2
	—	—		专科医院	24
	—	—		综合医院	130

3.4.2　服务业空间属性数据

服务业空间属性数据包括服务业网点的名称、经营范围、开业时间、地址、占地面积等。

（1）服务业空间历史信息

主要来源于《扬州市商业志》《扬州市第三产业普查资料汇编》。《扬州市商业志》记述时间范围上起清初，下至 1991 年，涵盖服务业类型包括百货、文化用品、五金、交电、化工、家电、糖、酒、副食品、南货、肉、禽蛋、蔬菜、对外侨供应、饮食、服务、商办工业等，记载内容包括行业沿革、商业网点分布和演化、经营情况、主要商店等。《扬州市第三产业普查资料汇编》以 1992 年为基点，对 1980、1990 年代服务业数据进行了系统总结和梳理，数据类型包括研究区服务业的规模、结构、效益、分布等。

（2）服务业空间现状信息

主要指 1991 年之后的服务业空间属性数据，来源于《扬州市志（1988—2005）》《广陵区志》《邗江县志》《扬州市维扬区志：1989—2011》，以及历年统计年鉴。

第4章　扬州市居住空间现状与特征

居住空间通过居民的通勤、消费行为与工业、服务业空间发生紧密的关联关系。基于关联关系，工业、服务业的空间演化也必然在居住空间的物质、社会和经济特征层面有所反映，因此居住空间特征分析是空间关联研究的切入点。本章基于研究区居住空间 2017 年截面数据，对社区居住空间结构特征进行分析。主要内容包括：①居住空间物质、社会和经济特征的空间格局分析。②依据居住空间开发方式和形成年代，将居住空间划分为古城区、单位社区、商品房社区、保障房社区 4 种类型，对上述 4 种居住空间进行物质、社会和经济 3 个层次的归纳总结。

4.1　居住空间现状

4.1.1　空间点分布

研究区 2017 年共有居住空间 460 个，其中门禁小区 401 个，非门禁小区 59 个。为掌握居住空间宏观规律，以街道（镇）为基本单元分析居住空间的点分布与点模式，同时以社区（村）作为比较补充。

（1）居住空间数量

研究区 20 个街道中，每个街道平均包含居住空间 23 个，其中，位于外城区的曲江街道居住空间数量最多，为 84 个，其次为双桥、邗上街道，均为 46 个；湾头镇居住空间数量最少，为 3 个，其次为槐泗镇、广陵产业园，居住空间数量分别为 5 个、9 个。就空间分布而言，外城区各街道居住空间数量最多，平均为 33 个，内城区其次，为 27 个，近郊区最少，为 15 个（表 4.1）。

（2）居住空间密度

研究区居住空间平均密度为 2.41 个/km²，其中，位于内城区的梅岭街道密度最高，达 12.67 个/km²，其次为汶河街道、邗上街道，分别为 8.73 个/km²、7.92 个/km²；近郊区湾头镇居住空间密度最低，为 0.25 个/km²，其次为槐泗镇和广陵产业园，分别为 0.40 个/km²、0.80 个/km²。就空间分布而言，内城区各街道居住空间密度最高，平均达 9.17 个/km²，其次为外城区，为 4.67 个/km²，近郊区居住空间密度最低，为 1.19 个/km²。

（3）居住空间面积占比

研究区居住空间面积占各街道总面积比例平均值为 17%，其中位于内城区的东关街道占比最高，达 55%，其次为外城区的邗上街道、文汇街道，占比分别为 51%、47%。近郊区槐泗镇占比最低，为 1%，其次为湾头镇和瘦西湖街道，分别为 3%、4%。

表 4.1　居住空间分乡镇（街道）分布

距市中心距离/km	街道	数量/个	密度/（个·km⁻²）	居住空间面积占比/%
≤3	汶河街道	22	8.73	38
	东关街道	19	6.12	55
	梅岭街道	39	12.67	36
>3~5	曲江街道	84	6.49	36
	文峰街道	14	2.44	21
	文汇街道	19	7.29	47
	双桥街道	46	6.37	31
	瘦西湖街道	9	1.09	4
	邗上街道	46	7.92	51
	汤汪乡	11	1.12	12
>5~10	湾头镇	3	0.25	3
	扬子津街道	35	2.59	18
	蒋王街道	10	2.02	22
	新盛街道	18	1.26	19
	西湖镇	21	1.09	13
	平山乡	9	1.01	15
	城北乡	18	1.05	11
	汉河街道	23	1.45	9
	槐泗镇	5	0.40	1
	广陵产业园	9	0.80	8

4.1.2　空间分布模式

（1）居住空间点模式

居住空间点模式如图 4.1 所示。使用最近邻指数（Nearest Neighbor Indicator，NNI）计算居住空间点要素分布模式，发现扬州市居住空间分布的 NNI 指数为 0.91（$p=0.0001$），表明居住空间集聚状态非常显著。采用优化热点分析方法（Optimized Hot Spot Analysis）进一步计算居住空间分布热点，可以看出：

①研究区居住空间点数量呈内城区—外城区—近郊区逐步递减的态势，主要空间热点包括梅岭、曲江、东关、汶河、双桥、文汇街道，上述热点区均分布于内城区或外城区，而近郊区的西湖镇、新盛街道、蒋王街道则为分布冷点。

②居住空间集聚热点总体呈东北—西南走向，东北部集聚组团为梅岭、曲江街道，中部集聚组团为东关、汶河街道，西南部集聚组团为双桥、文汇街道。

③居住空间点模式与居住开发年代有显著相关性。汶河、东关街道位于明清内城区范围，1949 年前即已成形；梅岭、曲江街道位于运河沿线，交通便利，周边工业企业众多，单位社区数量较多，是 1980、1990 年代的居住空间开发热点；双桥、文汇街道紧邻瘦西湖风景名胜区、扬州大学，环境条件优越，是扬州 1990 年代中后期至 2000 年代开发的重点。上述区域由于开发年代较早，居住空间分布相对密集，而 2000 年代中后期开发的居住空间多为土地成片开发，占地面积较大，因此数量相对较少。

图 4.1　居住空间数量分布

（2）居住空间密度分布模式

居住空间密度分布模式如图 4.2 所示。为从微观尺度分析居住空间密度模式，以社区（村）为单元计算全局 G（Getis-Ord General G）、莫兰（Global Moran's I）指数，发现全局 G、莫兰统计量 Z 检验值分别为 11.47（$p=0.000$）、17.87（$p=0.000$），均通过 0.01 的显著性水平检验，表明居住空间密度集聚状态非常显著。使用 Anselin Local Moran's I 进一步计算居住空间密度分布热点，可以看出：

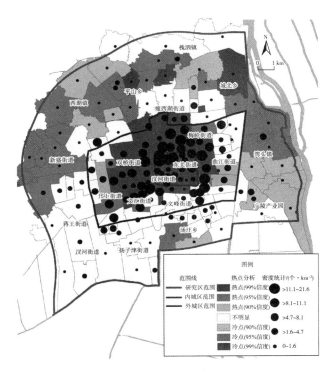

图 4.2　居住空间密度分布

①居住空间点密度从内城区向外呈低—高—低的总体分布趋势。高密度社区主要位于外城区，包括梅岭街道的漕河社区（21.64 个/km²）、凤凰桥社区（13.96 个/km²）、锦旺社区（12.89 个/km²），曲江街道的跃进桥社区（16.68 个/km²）、施井社区（12.36 个/km²）等，这些社区均为形成于 20 世纪 90 年代的单位社区，紧邻内城区边缘，交通便利，公共服务配套较为完善。

②组团分布较为明显。与居住空间点模式相比，居住空间密度分布模式呈典型组团结构。较为明显的组团包括汶河—东关街道、曲江街道、文汇街道。

③居住空间密度集聚模式的形成因素包括产业条件、公共服务条件和环境条件。一是产业条件优越。产城融合较好的居住空间密度一般相对较高，汶河—梅岭组团商贸业发达，服务业就业机会较多，曲江组团毗邻广陵产业园、广陵新城，广陵产业园、广陵新城是扬州主要的工业园区和信息产业园区，文汇组团毗邻扬州经

济技术开发区,工业、服务业较为发达。二是公共服务条件优越。以公共服务条件中最为关键的学区条件为例,3个组团学区条件均相对优越,汶河—梅岭组团为汶河小学、梅岭小学学区,文汇组团为花园小学学区,曲江组团为东关小学学区。三是环境条件优越。汶河—梅岭组团毗邻蜀冈—瘦西湖国家级风景名胜区,曲江组团毗邻世界文化遗产大运河风光带,文汇街道则毗邻市中心最大的开放式公园——荷花池公园。可见产城融合、公共服务、环境条件对居住空间分布有重要影响。

(3)居住空间面积占比分布模式

居住空间面积占比分布模式如图4.3所示。以社区(村)为单元分析居住空间占比,以社区(村)为单元计算全局 G(Getis-Ord General G)、莫兰(Global Moran's I)指数,发现全局 G、莫兰统计量 Z 检验值分别为 6.27($p=0.000$),6.10($p=0.000$),均通过 0.01 的显著性水平检验,但与居住空间密度相比,居住空间面积占比指标有所下降,有离散倾向。使用 Anselin Local Moran's I 进一步计算居住空间密度分布热点,可以看出居住空间面积占比热点区呈以东西为长轴的椭圆形分布,文昌路—江阳路之间的社区居住空间占比普遍较高,该区域东部为内城区东南部南河下、湾子街历史文化街区,西部为 20 世纪 90 年代建设的单位社区。

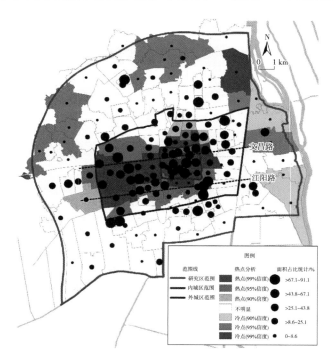

图 4.3 居住空间面积占比分布

①南河下、湾子街历史文化街区,居住空间面积平均占比达 60.82%。南河下、湾子街历史文化街区出于古城保护因素,工业、服务业开发受严格限制,保留了较为原始的居住空间形态,居住空间占比相对较高,如常府社区、古旗亭社区居

住空间占比分别达 91.07%、87.76%。

②该区域西部为 20 世纪 90 年代建设的商品住宅或安置小区，居住空间面积平均占比达 50.01%，主要包括文汇街道的宝带社区（74.55%）、武塘社区（69.29%），邗上街道的翠岗花园社区（71.47%）、文昌社区（60.55%）。该区域居住空间面积占比相对较高与 20 世纪 90 年代产城分离的城市发展导向有较大关联。20 世纪 90 年代，随着国有企业改革的深入推进，位于东南部工业区的单位社区逐步瓦解，城市西部商品房社区成为居住空间发展的重点。该阶段土地综合开发理念尚未形成，城市空间以单一居住空间为主，服务业配套较少，由此导致居住空间占比相对较高。

4.2　居住空间特征

居住空间具有物质、社会和经济三重特征。首先，城市居住空间具有物质属性，这是由于城市居住空间是客观物质单元，建筑结构、容积率等指标差异直接导致了居住空间物质属性特征的格局分异。其次，城市居住空间的社会属性主要源于居住空间居民在价值观念、文化程度、经济收入等方面的差异。最后，居住空间具有经济属性特征，在物质属性特征和社会属性特征的综合作用下，居住空间的综合效用以房地产价格形式表现出来，从而使居住空间具备了经济属性特征。

从物质、社会和经济 3 个层次对居住空间开展研究的意义在于：工业、服务业的空间演化通过通勤、消费行为与居住空间产生关联，而这一关联关系必然在居住空间的物质、社会、经济属性特征等层面有所反映，是城市空间演化的"显示器"。因此社区尺度的居住空间物质、社会和经济属性特征研究，可为空间关联从空间扩张方向关联转向更深层次的空间形态关联、空间属性关联奠定基础[1]（表 4.2）。

表 4.2　居住空间特征指标体系

特征分类	子特征	指标
物质属性特征	建筑年份	—
	容积率	—
社会属性特征	年龄结构	学龄比、青年比、中年比、老龄比
	财富结构	高档车占比、中档车占比、低档车占比、车户比
	通勤结构	双峰型、三峰型、平稳型
经济属性特征	小区居住空间均价	—

由于目视调查法是研究区居住空间物质、社会、经济特征数据的重要来源，在

---

① 表 4.2 及本节后续内容的指标体系不包括社区面积、人口数量、人口密度、入住率，原因如下：a. 社区面积是行政划分的结果，因此不纳入第 4.2 节介绍。b. 人口数量、人口密度、入住率和建筑年份有较高的相关性，也就是说三个指标的独立性较差；人口数量和人口密度与第 4.1 节的居住空间数量和密度相关性较高；因此不再单独介绍。c. 入住率不是普查数据，古城区、内城区的入住率差异性比较小，因此也不再单独介绍。

156 个社区中，有 30 个社区以农村住宅、工业用地为主，或社区内小区居住空间主出入口不明显，无法使用目视调查法，因此最终确定列统社区 126 个。126 个社区居住空间中，列统小区居住空间有 460 个。

4.2.1 物质属性特征

物质属性特征是城市居住空间分异的最直接表现形式，包括建筑年份、容积率 2 个特征因子。①建筑年份是居住空间演化的最直观表现。②容积率是居住空间人居环境的质量指标，一是由于容积率与绿化率、建筑密度等人居环境因素密切相关，反映了居住空间演化过程中住宅消费质量结构的变化；二是容积率与房地产价格紧密相关，而房地产价格通过"价格门槛"对居住空间的社会、经济属性特征有重大影响[215]。

1）建筑年份

（1）小区居住空间建筑年份

居住空间建筑年份以竣工年份为准，分期建设的，按平均竣工年份计算。由于内城区建筑年份不一，难以统一确定，因此仅统计单位社区、商品房社区、保障房社区 3 种类型。从年份分布看，小区居住空间平均建筑年份为 2003 年，改革开放前小区居住空间数量相对较少，改革开放后新建小区居住空间增长迅速，至 2000 年达到峰值（图 4.4）。小区建筑年份标准差为 10 年，即绝大多数建于 1993—2013 年，这也是中国房地产产业的起步和高速发展阶段，表明研究区房地产行业发展与全国趋势总体一致。

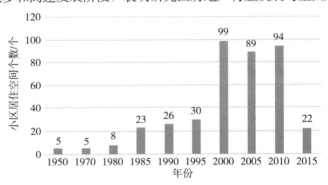

图 4.4 小区居住空间建筑年份分布

（2）社区居住空间建筑年份

将小区居住空间按社区汇总，求得各社区居住空间平均建筑年份。社区居住空间平均建筑年份为 2002 年，标准差为 10 年。社区居住空间可按形成年份分为中华人民共和国成立前（1556—1948 年）、计划经济时期（1949—1978 年）、福利住房与市场化双轨制前期（1979—1989 年）、福利住房与市场化双轨制后期（1990—1998 年）、住房体制市场化全面推进期（1999—2009 年）、住房体制市场化调整完善期（2010—2017 年）6 个时期（图 4.5）。

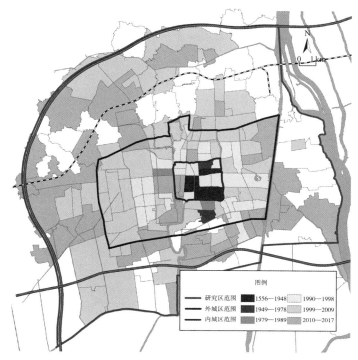

图 4.5　居住空间建筑年份格局

①1556—1948 年为中华人民共和国成立前,形成的社区居住空间包括新仓巷、教场、徐凝门、常府、旌忠寺、琼花观等社区,均分布于内城区,建筑形式主要为独门院落住宅。

②1949—1978 年为计划经济时期,新增居住空间主要分布于外城区,如三里桥、皮坊街、双桥等,主要服务对象为大型国有企事业单位、高等院校,居民主要为新落户的扬州企事业单位职工。该阶段居住空间数量增长缓慢,原因在于国家以工业生产、政治运动为重心,住宅供给相当有限,同时受户籍制度约束,城市人口规模被严格控制,住宅需求受到压抑。上述社区居住空间中,个园社区分布于内城区,在 1951—1956 年是苏北治淮指挥部所在地,有为治淮指挥部配套建设的治淮新村;三里桥、皮坊街社区毗邻 1949 年后新建的宝塔湾工业区,主要为工业企业单位社区;双桥社区位于 20 世纪 50 年代始建的扬州文教区,主要为扬州师范学院(今扬州大学瘦西湖校区)、江苏农学院(今扬州大学文汇路校区)教工单位社区。

③1979—1989 年为福利住房与市场化双轨制前期,新增社区居住空间主要分布于外城区,如八大家、荷花池、通泗、树人苑、裴庄、丰乐、文苑等,以政府统一配建的单位社区为主。该阶段社区居住空间增长速度较快,需求动力主要为老城区人口居住条件改善、城市拆迁安置、人口自然增长等类型。上述社区居住空间中,通泗、树人苑、荷花池位于内城区西部,主要服务于扬州中学、苏北人民医院等事业单位;八大家、裴庄、丰乐、文苑等位于外城区,是原有社区居住空间的拓展。

④1990—1998年为福利住房与市场化双轨制后期。新增社区居住空间主要分布于外城区新开辟道路沿线，如文昌路、扬子江路、江都路、汤汪路等。该阶段社区居住空间数量增长加速，需求类型不仅包括拆迁安置、居住条件改善，更包括城镇化进程加速所带来的人口机械增长。该阶段社区居住空间"沿路"特征明显，规模扩大，这是由于居住空间从单位转为政府统建开发，城市功能分区开始形成。

⑤1999—2009年为住房体制市场化全面推进期，新增社区居住空间主要分布于近郊区，以"西向"成片推进为主。该阶段居住空间供给从政府主导转变为房地产企业主导，城镇化进程带来的人口机械增长成为居住空间消费的主力。房地产开发模式日益成熟，政府以一级土地开发为主，房地产企业以二级房产开发为主，城市功能分区日益完善；但由于城市单向生长，造成了交通堵塞、城市运行效率降低等问题。

⑥2010—2017年为住房体制市场化调整完善期，新增社区居住空间主要分布于近郊区，扩张方向从"单向"回归"多向"，社区居住空间增长有所放缓。供给方除房地产企业外，保障性住房占据重要地位，不仅有"兜底"式保障性住房，更有为高层次人才、新落户人口提供的"过渡"式保障性住房，表明政府职能已从"城市经营"向"公共服务"转型。该阶段居住空间扩张与产业结合更加紧密，新建居住空间多集聚于产业园周边，如城东广陵产业园、城南扬州经济技术开发区、城北维扬经济开发区等。

2）容积率

容积率是人居环境的重要指标，与建筑形式有较为紧密的相关关系（表4.3）。研究区小区居住空间平均容积率为1.19，标准差为0.45，其主体变幅在0.74～1.64之间，说明研究区主体建筑形式以多层为主。但不同分区容积率差别较大，呈现从城市中心往外逐渐提升的特征（图4.6）。

图4.6　居住空间容积率格局

表 4.3　容积率与建筑形式关系

容积率	≤0.8	>0.8~1.5	>1.5~2.0	>2.0~6.0	>6.0
建筑形式	别墅、独门院落	多层	多层+小高层	高层	超高建筑

（1）内城区

内城区汶河路以东社区居住空间容积率≤0.8，以独门院落为主；汶河路以西容积率提升至>0.8~1.5 之间，以多层住宅为主。内城区中，古城居住空间形成于明清时期，汶河以东地区为传统民居，人口密集，拆迁难度较大，总体风貌保存较好；汶河路以西地区在明清时期主要为公共建筑，如扬州府衙、江都县衙、扬州县学等，民国时期由于扬州城市地位下降，公共建筑多被废弃，1949 年之后相关地段被开发为住宅，新建了朝阳苑、淮海路机关大院等一批单位社区，导致汶河路以西社区居住空间容积率高于东部。

（2）外城区

社区居住空间容积率在>0.8~1.5 之间，以多层建筑为主，独门院落、中高层建筑间杂分布。外城区主体形成于 1979—1998 年之间，该阶段居住空间以单位社区为主，土地利用较为粗放，建安成本相对较低的多层住宅成为居住空间的主要形式。

该区域居住空间容积率变幅相对较大。低容积率指标区包括：蜀冈—瘦西湖风景名胜区（图 4.6，A）、宝塔湾工业区（图 4.6，B）。蜀冈—瘦西湖风景名胜区周边容积率指标相对较低一是避免景区风貌受高层建筑影响，二是环境因素较优，建筑形式以别墅为主，如瘦西湖唐郡、西苑等。宝塔湾工业区周边容积率较低，一是由于居住空间多建于计划经济时期，建筑形式多为 1~3 层低层住宅，二是周边多为化学、机械等重工业企业，环境污染较为严重，土地价值相对较低，城市更新进程缓慢。

（3）近郊区

该区域容积率呈高容积率、中容积率组团状分布。

高容积率（>1.5~6.0）包括：以七里甸、大刘等社区为代表的京华城组团（图 4.6，C），以新河湾、绿园社区为代表的三湾组团（图 4.6，D），以田庄、运东社区为代表的广陵新城组团（图 4.6，E）。

中容积率（>0.8~1.5）包括以高桥、柏圩社区为代表的扬子津科教园组团（图 4.6，F），以荷叶、朱塘社区为代表的维扬经济开发区组团（图 4.6，G）。京华城组团是 2000 年后城市重点开发区域，新建有体育公园、双博馆、明月湖等公共服务设施，土地价值相对较高，而提升容积率是提升土地效益的重要手段；三湾、广陵新城组团是 2010 年后城市重点开发区域，"居住+服务业"产城融合成为城市空间开发的趋势，以"高层写字楼+高层住宅"为主。中容积率扬州高新技术产业开发区、维扬经济开发区组团则以"居住+工业"为主，居住空间多为保障房社区、普通商品房社区，多层住宅更为普遍。

4.2.2　社会属性特征

社会属性包括年龄结构、财富结构、通勤结构 3 个核心因子。①年龄结构指人口生命周期对居住空间社会特征的影响，指标包括学龄比、青年比、中年比、老龄比。②财富结构与社会结构相对应，根据汽车档次与财富结构的相关性，将财富结构分为高档车占比、中档车占比、低档车占比和车户比 4 个指标。③通勤结构主要反映居住空间居民的行为特征，根据不同小区的通勤高峰时间分布，将小区居住空间分为双峰型、平稳型和三峰型。本节研究数据来源于第 3 章通过目视调查法取得的小区居住空间通勤断面的人流量、车流量数据。

1）年龄结构

人口生命周期对居住空间社会特征存在显著影响。将研究区人口年龄结构分为学龄人口（0～18）、青年人口（19～35）、中年人口（36～59）、老年人口（60 及以上）4 种类型，分别计算小区居住空间通勤断面人流量中学龄人口、青年人口、中年人口、老龄人口占总流量的比例。通过断面人流量"抽样"结果，对小区居住空间人口结构进行推断。

（1）学龄比

学龄比指 18 岁以下人口的通勤断面人流量占比。该指标可反映学区对社区人口结构的影响。吴启焰认为学区对社会阶层教育的非均衡性、教育资源的空间分化以及社会身份认定有显著影响，并提出学区中产阶层化（jiaoyufication）概念，但现有研究尚未对学区效应予以数量证实。本书将利用学龄比指标定量测度学区对居住空间人口结构的影响[216]。

研究步骤：①计算各小区居住空间学龄比；②应用聚类分析方法将小区居住空间按学龄比分为高、中、低 3 种类型；③分析各居住空间学龄比与学区的匹配关系。

数值分析：研究区平均学龄比为 13.06%，主体变幅为 8.26～17.86。将小区居住空间按学龄比分为高、中、低 3 类，3 类小区居住空间学龄人口比例间断点为 16%、11%。高学龄比小区居住空间 105 个，占总数的 22.8%；中学龄比小区居住空间 218 个，占总数的 47.4%；低学龄比小区居住空间 137 个，占总数的 29.8%。（表 4.4）。

空间分析：分别将高、中、低学龄小区居住空间比例超过 50% 的社区定义为高、中、低学龄比社区，其中高学龄比社区 24 个，中学龄比社区 50 个，低学龄比社区 32 个，另有 20 个社区学龄比特征不明显。高学龄比社区呈中心—边缘分布，主要位于内城区、近郊区，外城区分布相对较少。内城区包括两个集聚区：①内城区西部汶河集聚区，包括荷花池、石塔、树人苑、通泗、砚池、龙头观、双桥社区（图 4.7，A）；②内城区北侧梅岭集聚区，包括漕河、锦旺社区（图 4.7，B）。近郊区包括三个区域：①城西新盛、邗上街道绿杨新苑、大刘、殷巷、贾桥、五里、冯庄社区（图 4.7，C）；②城东广陵新城田庄、万寿、运东、天顺花园、翠月嘉苑（图 4.7，D）；③城南三湾组团二桥、汉河社区（图 4.7，E）。

表 4.4　学龄比社区分布

学龄比	比例值/%	小区个数/个	小区占比/%	主要社区
高	>17	105	22.8	八大家社区、漕河社区、汉河村、翠月嘉苑社区、大刘社区、渡江南路社区、二桥社区、冯庄社区、荷花池社区、贾桥居委会、锦旺社区、龙头观社区、绿杨新苑社区、石塔社区、树人苑社区、双桥社区、天顺花园社区、田庄村、通泗社区、万寿村、五里社区、砚池社区、殷巷社区、运东社区
中	11～16	218	47.4	宝带社区、宝塔社区、便宜门社区、卜桥社区、卜扬社区、常府社区、春江社区、翠岗花园社区、翠岗社区、鼎园社区、东花园社区、东昇花园社区、二畔铺社区、丰乐社区、凤凰桥社区、古运社区、顾庄社区、邗沟社区、荷叶社区、花园社区、宦桥村、江阳社区、教场社区、解放桥社区、金林社区、旌忠寺社区、九龙花园社区、康乐社区、兰庄社区、连运村、联谊路社区、曲江新苑社区、三里桥社区、沙南社区、杉湾花园社区、施井村、石油山庄社区、顺达社区、宋都社区、文昌居委会、文昌社区、文苑社区、五里庙社区、西湖花园社区、新河湾社区、新华社区、殷湖社区、油田社区、园林社区、长鑫社区
低	<10	137	29.8	柏圩村、滨湖社区、彩衣街社区、个园社区、广储社区、邗源社区、槐二村、槐子村、皇宫社区、金槐村、雷塘村、绿园社区、裴庄社区、沙北社区、施井社区、双墩村、司徒村、洼字街社区、五亭社区、西峰社区、新仓巷社区、新星社区、徐凝门社区、许庄社区、学士社区、友谊社区、跃进桥社区、中心村、朱塘社区、竹西社区

高学龄比社区有明显的学区、建筑年份指向。①学区因素是高学龄比社区形成的主要原因。内城区各社区多形成于 1949 年之前，社区内以育才小学、扬州中学为代表的中小学创办于晚清时期，历史悠久，办学质量高，因此其所在荷花池、石塔、锦旺等社区成为学龄人口分布的热点。近年来为进一步均衡教育资源布局，内城区部分中小学在近郊区建设分校，如育才西区校、扬州中学树人学校等，近郊区教育资源提升明显，导致大刘、殷巷、二桥、汉河等社区学龄比显著上升。②建筑年份从可租性对高学龄比社区产生影响。内城区汶河路以东各社区虽然学区条件较优，但多为独门院落且房龄相对较老，可租性较差，因此学龄比并不突出；而新盛街道、广陵新城、三湾均属新开发区域，学区条件虽然一般，但建筑年份相对较新，因此吸引不少对居住条件要求较高的年轻家庭。

（2）青年比

青年比指 19～35 岁人口的通勤断面人流量占比。该年龄段人口空间结构研究

图 4.7　居住空间学龄比格局

意义重大：①在人口老龄化背景下，青年人口是城市未来发展的生力军和人口再生产的主要力量，反映了城市的发展潜力和消费潜力；②青年人口流动性强，当前城市之间进行的"抢人大战"主要针对青年人口，掌握青年人口空间分布，有助于制定相关政策，吸引青年人口落户[217]。

研究步骤：①计算各小区居住空间青年比；②应用聚类分析方法将小区居住空间按青年比分为高、中、低 3 种类型；③分析各社区青年比。

数值分析：研究区平均青年比为 21.29％，变幅为 13.1～29.5。通过聚类分析将小区居住空间按青年比分为高、中、低 3 类，3 类小区居住空间青年人口比例间断点为 18％、27％。高青年比小区居住空间 109 个，占总数的 23.7％；中青年比小区居住空间 184 个，占总数的 40％；低青年比小区居住空间 167 个，占总数的 36.3％。

空间分析：分别将高、中、低青年比小区比例超过 50％的社区定义为高、中、低青年比社区，其中高青年比社区 22 个，中青年比社区 40 个，低青年比社区 36 个，另有 28 个社区青年比特征不明显。

高青年比社区呈"一环多组团"布局，主要分布于外城区和近郊区。"一环"包括文峰街道的八大家、东花园、连运、杉湾花园、鼎园、三里桥社区；城东曲江街道的解放桥、沙南、顾庄社区（图 4.8，A）。"多组团"包括：①城东广陵产业园的翠月嘉苑、天顺花园、运东社区、万寿村、宦桥村（图 4.8，B）；②城南扬州高新技术产业开发区的绿园、二桥、汊河村（图 4.8，C）；③城北维扬经济开发区的石油山庄、江阳社区、槐二村、雷塘村（图 4.8，D）。

高青年比社区有明显的房价和通勤指向。①"一环"社区集中于城市东南部外城区，该地域多为 20 世纪 80 年代单位社区，公共服务、自然环境条件相对较差，房地产价格相对较低；该地区商贸流动业发达，是大型批发市场集聚区，如曲江街道的曲江小商品市场、文峰街道的联谊农副产品批发市场等，服务业就业机会多，对从事传统商贸业的青年人口吸引力较大，形成了"居住＋服务业"空间关联格局。②"多组团"则与工业园区布局密切相关，研究区工业园区多布局于近郊区的沪陕、启扬高速沿线。该区域地处市郊，房地产价格仅为市中心房价的 70％ 左右，购房负担较低；由于工业园区制造业岗位较多，就业通勤便利，对从事制造业的青年人口吸引力较大，形成了"居住＋工业"空间关联格局。

图 4.8　居住空间青年比格局

（3）中年比

中年比主要指 35～65 岁人口的通勤断面人流量占比。该人群是城市发展的中坚力量，也是社会财富的主要拥有者。该群体社会分异较大，对城市社会空间划分具有指示意义。

研究步骤：①计算各小区居住空间中年比；②应用聚类分析方法将小区居住空间按中年比分为高、中、低 3 种类型；③分析各社区中年比。

数值分析：研究区平均中年比为 39.25％，变幅为 27.57～51.03，较学龄比、青年比变幅明显扩大，说明该群体空间分异强烈。通过聚类分析将小区居住空间按中年比分为高、中、低 3 类，3 类小区居住空间中年人口比例间断点为 35％、

48%。高中年比小区居住空间 99 个，占总数的 21.52%；中中年比小区居住空间 196 个，占总数的 42.61%；低青年比小区居住空间 165 个，占总数的 35.87%。

空间分析：分别将高、中、低中年比小区比例超过 50% 的社区定义为高、中、低中年比社区，其中高中年比社区 30 个，中中年比社区 41 个，低中年比社区 55 个。

高中年比社区呈组团布局，其中外城区 2 个，近郊区 2 个。外城区包括：①曲江街道的洼子街、解放桥社区（图 4.9，A）；②蜀冈—瘦西湖风景名胜区的滨湖、友谊社区（图 4.9，B）。近郊区包括：①扬子津街道的桃园、长鑫社区（图 4.9，C）；②新盛街道的润扬、七里甸、殷湖社区（图 4.9，D）。

图 4.9　居住空间中年比格局

高中年比社区有环境和通勤两种指向。①环境指向。环境指向以外城区洼子街、解放桥社区（图 4.9，A），滨湖、友谊社区（图 4.9，B），近郊区润扬、七里甸、殷湖社区（图 4.9，D）最为显著，上述社区分别位于古运河、蜀冈—瘦西湖、明月湖等风光带，环境条件优越，房地产价格较高，说明与青年人口相比，中年人口在购买力允许的条件下，对环境条件要求较高。②通勤指向指高中年比社区与产业园区空间较为接近，如桃园、长鑫社区（图 4.9，C）与扬州高新技术产业开发区相毗邻，说明通勤因素也是中年人口区位选择的重要因素。

（4）老龄比

老龄比指 60 岁以上人口的通勤断面人流量占比。目前，扬州已进入老龄化社会，老年人口占比以每年 1% 的速度增长。截至 2016 年末，全市 60 周岁以上老龄

人口共计 113.26 万人，占户籍人口总数的 24.53%；65 周岁以上老龄人口 75.18
万人，占总人口数的 16.28%[218]。从空间角度研究老龄化问题，对养老设施布局、
制定养老政策具有重要意义。

　　研究步骤：①计算各小区居住空间老龄比；②应用聚类分析方法将小区居住空
间按老龄比分为高、中、低 3 种类型；③分析各社区老龄比。

　　数值分析：研究区平均老龄比为 26.42%，变幅为 17.69～35.15，平均老龄比
高出市域水平近 10 个百分点，说明作为三线城市的扬州，由于能级较低，青年人
口流入较少，也面临着老龄化危机。通过聚类分析将小区居住空间按老龄比分为
高、中、低 3 类，3 类小区居住空间老龄人口比例间断点为 18%、28%。高老龄比
小区居住空间 199 个，占总数的 43.3%；中老龄比小区居住空间 186 个，占总数的
40.4%；低老龄比小区居住空间 75 个，占总数的 16.3%。

　　空间分析：分别将高、中、低老龄比小区比例超过 50% 的社区定义为高、中、
低老龄比社区，其中高老龄比社区 47 个，中老龄比社区 7 个，低老龄比社区 46
个，另有 26 个社区老龄比特征不明显。

　　高老龄比呈"一中心多组团"布局。"一中心"指内城区及外城区中心地带，
包括：①东关街道皮市街、古旗亭、彩衣街、旌忠寺社区（图 4.10，A）；双桥街
道文苑、虹桥等社区（图 4.10，B）、城东南文峰、汤汪街道（乡）的九龙花园、
东花园社区、联运村（图 4.10，C）。"多组团"指近郊区保障房社区，包括：①城
西南汉河街道许庄社区、柏圩村（图 4.10，D）。②城西宁启铁路沿线的润扬、西
湖花园社区、双墩村（图 4.10，E）。③城东北竹西社区、雷塘村（图 4.10，F）。

图 4.10　居住空间老龄比格局

高老龄比社区分布与建筑年份、人口迁居紧密相关：①建筑年份。受人口生命周期影响，居住空间存在分化、过滤作用，内城区及外城区建筑年份相对较久，由于公共服务设施、基础设施相对落后，房型老旧，加之新城区吸引，年轻人口不断离开这一地区，导致老龄化程度较高；外城区形成于1980—1990年代，其中文苑、东花园等社区为政府统一建设的单位社区。②近郊区高老龄比社区多为保障房社区，如银河花园、西湖花园、佳家花园，居民多为内城区迁居人口，母体人口老龄化程度较深，由此导致外城区相关社区较高的高老龄比。

2）财富结构

城市不同微观区域存在差异化财富结构。1998年住房制度改革之后，城市不同地域由于公共服务、基础设施、环境条件的差异，城市微观空间分化加剧，形成了城市房地产子市场。房地产子市场之间由于存在价格"门槛"，导致不同收入人群按房价可支付能力在不同空间集聚，加速了社会空间形成。汽车作为生活非必需品，对家庭财富水平有较强的指示作用，可通过小区居住空间断面车流量调查，分析社区居民财富结构[219]。

（1）高档车占比

高档车占比指高档车车流量的通勤断面车流量占比，该指标可反映高净值人群空间分布。可对高档车占比较高的小区进行空间分析，推断研究区是否形成较为显著的"富人"集聚区。

研究步骤：①计算各小区居住空间高档车占比；②应用聚类分析方法将小区居住空间按高档车占比分为高、中、低3种类型；③分析各社区高档车占比。

数值分析：研究区平均高档车占比为13.83％，变幅为3.98～23.68。通过聚类分析将小区居住空间按高档车占比分为高、中、低3类，3类小区居住空间高档车占比间断点为13％、27％。高高档车小区居住空间35个，占总数的7.6％；中高档车小区192个，占总数的41.7％；低高档车小区233个，占总数的50.7％。

空间分析：由于研究区高高档车小区占比超过50％的社区为0，下调判断比例为30％；中高档车、低高档车小区仍定义为大于50％。由此统计，高高档车社区13个，中高档车社区58个，低高档车社区55个。

高高档车社区数量不多，未形成大规模集聚，一般以2～3个社区毗邻分布为主，说明研究区尚未形成显著的"富人区"。高高档车社区分布有公共服务和环境指向。公共服务指向包括内城区通泗、锦旺社区（图4.11，A），该区域是内城区为数不多的高档小区集聚区，房价在20 000元/m²以上，典型特征是公共服务设施完备，拥有最优越的学区与就医条件。由于位于内城区非历史文化保护区，城市更新速度较快，"绅士化"趋势明显。环境指向指财富水平较高的家庭倾向于环境优越地段，如滨湖社区（图4.11，B），大刘、七里甸社区（图4.11，C），桃园、顺达社区（图4.11，D），上述地段处于高中年比集聚区的核心地段，说明相对于年龄空间分异，家庭财富空间分异更为显著。

图 4.11 居住空间高档车占比格局

（2）中档车占比

中等收入群体是社会发展的稳定器，是社会稳定和城市可持续发展的关键支撑，因此开展中等收入群体空间分布研究具有重要的现实意义。可通过中档车占比测算中等收入人群空间分布。

研究步骤：①计算各小区居住空间中档车占比；②应用聚类分析方法将小区居住空间按中档车占比分为高、中、低三种类型；③分析各社区中档车占比。

数值分析：研究区平均中档车占比为 50.52%，变幅为 36.57~64.47。通过聚类分析将小区居住空间按中档车占比分为高、中、低 3 类，3 类小区居住空间中档车占比间断点为 41%、57%。高中档车小区居住空间 151 个，占总数的 32.8%；中中档车小区 198 个，占总数的 43.0%；低中档车小区 111 个，占总数的 24.2%。

空间分析：分别将高中档车、中中档车、低中档车小区居住空间占比超过 50% 的社区定义为高中档车、中中档车、低中档车社区，其中高中档车社区 29 个，中中档车社区 47 个，低中档车社区 23 个，另有 27 个社区集聚特征不明显。

高中档车社区分布较为集中，主要位于外城区西部的兰苑、四季园等社区（图 4.12，A）。该区域是 1990 年代以来建成的单位社区、商品房社区，社区内集中分布单位包括政府机关（扬州市政府、邗江区政府、扬州经济技术开发区管委会）、大专院校（扬州大学、扬州市职业大学）等，社区居民多为公务员、大学教师等，上述人群是传统意义上的中等收入阶层，可见中档车人群具有较为显著的通勤指向。

图 4.12　居住空间中档车占比格局

（3）低档车占比

低档车占比指低档车车流量的通勤断面车流量占比，该指标可反映研究区普通家庭空间分布。

研究步骤：①计算各小区居住空间低档车占比；②应用聚类分析方法将小区居住空间按低档车占比分为高、中、低三种类型；③分析各社区低档车占比。

数值分析：研究区平均低档车占比为 35.64％，变幅为 19.05～52.23。通过聚类分析将小区居住空间按低档车占比分为高、中、低 3 类，3 类小区居住空间低档车占比间断点为 27％、49％。高低档车小区居住空间 84 个，占总数的 18.3％；中低档车小区居住空间 244 个，占总数的 53.0％；低低档车小区居住空间 132 个，占总数的 28.7％。

空间分析：分别将高低档车、中低档车、低低档车小区居住空间占比超过 50％的社区定义为高低档车、中低档车、低低档车社区，其中高低档车社区 18 个，中低档车社区 57 个，低低档车社区 23 个，另有 28 个社区集聚特征不明显。

低档车社区呈"一中心、两组团"格局。"一中心"指内城区内部的琼花观、彩衣街、教场、新仓巷等社区（图 4.13，A）。"两组团"指位于维扬经济开发区的朱塘社区、雷塘村、中心村（图 4.13，B），扬州高新技术产业开发区的许庄社区、柏圩村（图 4.13，C）。

图 4.13 居住空间低档车占比格局

高低档车社区通勤指向明显，"一中心"位于内城区，车流以低端客货两用车辆为主，原因在于内城区社区居住、服务业空间高度融合，低端客货两用车辆能够兼顾货运、通勤需求。"两组团"均位于近郊区产业园区，拆迁安置人口、企业租住人口相对集中，由于距内城区相对较远，收入较低，低档汽车能够较好满足通勤需求。

（4）车户比

车户比指车流量与小区居住空间实际户数之比，反映了城市各社区生活水平。

研究步骤：①计算各小区车户比；②应用聚类分析方法将小区居住空间按车户比分为高、中、低三种类型；③分析各社区车户比占比。

数值分析：研究区平均车户比 29%。将小区居住空间按车户比占比分为高、中、低 3 类。高车户比＞44%，共计 100 个小区，占总数的 21.7%；中车户比22%～44%，共计 175 个小区，占总数的 38.0%；低车户比＜22%，共计 185 个小区，占总数的 40.3%。

空间分析：分别将高、中、低车户比小区占比超过 50% 的社区定义为高、中、低车户比小区，其中高车户比社区 13 个，中车户比社区 28 个，低车户比社区 51 个，另有 34 个社区车户比集聚特征不明显。

高车户比社区主要集聚于 3 片地域：一是蜀冈—瘦西湖风景名胜区至新盛街道沿线（图 4.14，A），包括卜桥、翠岗、七里甸、贾桥、殷巷等社区；二是南区三湾组团的新河湾、新华社区（图 4.14，B）；三是广陵新城的田庄（图 4.14，C）、维扬经济开发区的金槐（图 4.14，D）。

车户比空间格局一般具有如下特征：①高车户比社区环境良好，房价相对较高，这与高高档车占比社区分布规律一致；②高车户比社区距离市中心较远，通勤需求旺盛；③内城区车户比相对较低，这是由于内城区低收入人群占比高，街巷密集，停车困难；内城区公共服务条件较好，通勤需求较少。

图 4.14　居住空间车户比格局

3）通勤结构

不同生命周期、财富水平人群通勤结构有显著差别。通勤结构不但能够推断小区年龄、财富等社会特征，对城市居住—工业、居住—服务业空间关系也能进行分析预测[220]。本书将小区居住空间通勤时间分为 5 个时段，分别为 8：00—9：00、9：00—11：00、11：00—14：00、14：00—16：00、16：00—18：00，在此基础上将小区居住空间通勤结构分为双峰型、三峰型和平稳型[221]。

（1）结构定义

双峰型、三峰型和平稳型的结构定义如下：①双峰型。以上班族为主，出行高峰集中于 8：00—9：00、16：00—18：00，上述时间段人流量达总流量的 50％以上。②三峰型。以上班族为主，但由于工作空间与居住空间较近，存在午间通勤高峰，午间通勤目的在于午间就餐、午休等，通勤高峰包括 8：00—9：00（＞20％）、11：00—14：00（＞35％）、16：00—18：00（＞20％）。③平稳型。无明显通勤高峰，多为老龄或自由职业人群。

（2）空间规律

将各通勤结构小区居住空间占比超过 50% 的社区定义为双峰型、三峰型、平稳型通勤社区，其中双峰型社区 56 个，占 44.4%；三峰型社区 18 个，占 14.3%；平稳型社区 24 个，占 19.0%；还有 28 个社区通勤结构不明显，占 22.2%。

双峰型社区分布较广，以外城区、近郊区为主，集聚区包括：①城东曲江街道（图 4.15，A1），代表性社区包括五里庙、新星、文昌花园、洼子街、解放桥等；②城西新盛街道（图 4.15，A2），代表性社区包括殷湖、绿杨新苑、殷巷、大刘；③城北双桥街道（图 4.15，A3），代表性社区包括卜桥、石桥、翠岗等。双峰型社区的形成有以下 2 点因素：①产城分离。上述社区多属生活型，距产业园区较远。由于通勤成本高，居民多在工作单位就餐，导致社区午间人流较低。②学区一般。由于社区学区一般，学龄人口占比偏低，难以形成以学生为主体的午间通勤高峰。

图 4.15　居住空间通勤结构格局

三峰型社区主要集聚于 4 片区域：①内城区中西部的汶河街道（图 4.15，B1），代表性社区包括虹桥、四望亭、双桥、树人苑、荷花池、龙头关；②城南三湾片区，包括新河湾、二桥社区（图 4.15，B2）；③城南第二城片区，包括绿园、高桥社区（图 4.15，B3）；④城东河东片区（图 4.15，B4），代表性社区包括翠月嘉苑、运东、田庄等。两类三峰型社区成因有较大差别：内城区"三峰"通勤结构基于学区因素，由于学龄人口占比高，形成了早晨、午间、傍晚三重通勤高峰。其他社区"三峰"通勤结构是产城融合的结果，新河湾、二桥、绿园、高桥社区毗邻扬州高新技术产业开发区、扬州经济技术开发区，翠月嘉苑、运东社区毗邻江苏信息产业服务基地、广陵产业园,上述社区职住平衡,社区有成熟的商业和生活服务设施,不少企业职工选择回家吃午餐、午休,导致午间通勤高峰的形成。

平稳型通勤结构社区分布较为零散:①内城区东部东关街道的个园、琼花观、徐凝门社区(图4.15,C1);②城市东南汤汪乡的联运社区(图4.15,C2);③城市西南汊河街道许庄社区(图4.15,C3);④城北西湖镇的金槐村、司徒村、中心村(图4.15,C4)。平稳型社区通勤结构与历史因素有较大关联,上述社区均位于人口老龄化严重的内城区或外城区保障房片区。由于老龄人口时间自由度大,加之学区一般,学龄人口相对较少,因此通勤结构较为平稳。

4.2.3 经济属性特征

居住空间经济属性特征是物质特征和社会特征的综合反映,集中表现为居住空间价格[222]。城市内部由于公共服务、基础设施、环境条件的差异,促进了房地产子市场的形成,不同子市场由于土地效用不同,形成了差异化价格"门槛",导致不同收入人群按房价可支付能力在不同空间集聚。可见房地产价格作为人群可进入性的"门槛",对城市空间结构的形成发挥着重要作用。

1)小区居住空间均价

2017年研究区房地产均价为9 374元,变幅在6 170~12 578元之间。受别墅居住空间离群值影响,本书将小区居住空间均价分为高、次高、中、低4类,应用聚类分析方法对上述分类进行区间定义(表4.5)。研究区460个小区居住空间中,高价格小区单价>18 000元/m²,共计2个,占比为0.4%;次高价格小区单价>12 500~18 000元/m²,共计53个,占比为11.5%;中等价格小区单价>8 800~12 500元/m²,共计170个,占比为37.0%;低价格小区单价≤8 800元/m²,共计235个,占比为51.1%。

表4.5 小区居住空间均价类型

类型	价格区间/(元·m⁻²)	小区数量/个	占比/%
高	>18 000	2	0.4
次高	>12 500~18 000	53	11.5
中	>8 800~12 500	170	37.0
低	≤8 800	235	51.1

2)社区居住空间均价特征

按社区统计小区居住空间均价,通过聚类分析,分为高、中、低三类。高房价社区共计11个,社区居住空间均价>12 500元/m²;中等房价社区共计55个,社区居住空间均价8 600~12 500元/m²;低房价社区60个,社区居住空间均价<8 600元/m²。社区居住空间均价呈典型金字塔结构。

高房价居住空间集聚区有 3 个：①内城区汶河街道荷花池、树人苑、龙头关社区（图 4.16，A1）；②内城区北侧蜀冈—瘦西湖风景名胜区卜桥、滨湖、五亭社区（图 4.16，A2）；③城市西部新盛街道大刘社区（图 4.16，A3）。

图 4.16　居住空间均价格局

综合高房价居住空间格局，可发现如下规律：①建筑年份相对较新。汶河街道荷花池、树人苑、龙头关社区虽位于内城区，但 1998 年后，社区城市更新迅速，新建江凌花园、秦淮花苑、朝阳苑等小区居住空间；蜀冈—瘦西湖风景名胜区、新盛街道的小区居住空间均为 2010 年左右开发，至今不超过 20 年。②环境较优。高房价居住空间消费对象主要为高收入人群，人群对自然、人文环境要求相对较高，如汶河街道的荷花池公园、古运河风光带，蜀冈—瘦西湖风景名胜区的瘦西湖、宋夹城体育公园；新盛街道的明月湖公园、体育公园等。与高高档车占比社区居住空间分布总体一致。③公共服务条件优势突出。内城区汶河街道荷花池、树人苑、龙头关社区虽然建筑年份相对老旧，但由于毗邻育才小学、树人中学、扬州中学，学区优势突出。

低房价居住空间集聚区有 4 个，呈"一老两新"格局：①"一老"包括外城区东部曲江街道解放桥、跃进桥、沙南社区，南部文峰街道的文峰、宝塔、三里桥社区，西部双桥街道武塘、康乐社区（图 4.16，B1）；②"两新"包括近郊区西南汊河街道许庄、柏圩社区（图 4.16，B2），西北金槐、中心、司徒等村（图 4.16，B3）。

综合低房价居住空间格局，可发现如下规律：①建筑年份较久。如曲江街道、文峰街道、双桥街道均建成于 1950—1990 年代计划经济或双轨制时期，以单位社区为主。这一时期居住空间目标在于解决基本居住需求，"居住＋工业"空间混杂，与市场经济时期居住空间开发追求人居环境目标有很大差距。②人口结构较老，社会环境较差。低房价社区多为单位、保障房社区，人口年龄结构多在 60 岁以上，人口结构复杂，社会环境相对较差。③缺乏公共服务设施，如内城区两侧的低房价社区均建成于 1980—1990 年代，缺乏公共服务设施，公共服务需求均通过内城区辐射解决。1998 年之后，随着人民生活水平的提高，公共服务设施特别是学区成为居住空间选择的重要因素，缺乏公共服务设施的社区房价相对较低。与之相类似，保障房社区多位于城市边缘地带，属政策性住房。由于"商业价值"较低，政府缺乏建设公共服务设施的经济动力，公共服务设施配套相对薄弱。

4.3 居住空间特征综合分析

为进一步分析居住空间特征及其与工业、服务业空间的关联，根据居住空间开发方式和形成年代，将研究区居住空间划分为古城区、单位社区[165]、商品房社区、保障房社区。其中，古城区成型于明清时期，主要位于内城区（图 4.17，A），开发方式以个人自建为主[223]。单位社区主要分布于外城区宝塔湾、曲江、梅岭一线。宝塔湾（图 4.17，B1）单位社区建成于 20 世纪 50 年代，以单位自建为主；曲江（图 4.17，B2）、梅岭单位社区（图 4.17，B3）建成于 20 世纪 80 年代，以政府统建为主[224]。商品房社区主要分布于外城区邗江路（图 4.17，C1）、新城西区（图 4.17，C2）一线，主要形成于 1998 年以后，以房地产企业开发为主[225]。保障房社区以组团形式分布。东部集中于曲江街道的曲江新苑、文昌花园社区（图 4.17，D1）；南部集中于文峰街道的杉湾花园、鼎园社区（图 14.17，D2）；西部集中于汊河街道的许庄社区（图 4.17，D3）；北部集中于竹西街道的竹西社区（图 4.17，D4）。

古城区、单位社区、商品房社区、保障房社区划分有多重含义。①居住空间由于建设的历史时期不同，反映了不同时期的经济、政治乃至科技发展状况，例如宝塔湾单位社区居住空间以"插花"形式杂乱分布于工业空间之中，原因在于该时期单位社区多为企业自建，各企业以工业空间为中心建设单位社区，彼此交叉，由此形成了"随机分布"空间形态，而同样是单位社区，曲江片区则较为规整，这是由于该时期居住空间由政府统一规划建设。②居住空间由于建设主体不同，对居住与工业、服务业空间关联产生影响。以宝塔湾社区为例，由于建设主体为工业企业，居住空间选址以工业空间为核心，由此居住空间与工业空间产生了紧密的关联关系，形成了"居住＋工业"空间关联形态。商品房建设主体为房地产企业，选址更多考虑公共服务、环境配套等因素，因此与服务业空间关联较为紧密，形成了"居住＋服务业"空间关联形态。③居住空间由于进入"门槛"不同，导致阶层差异，进而对居住—服务业空间关联产生影响。古城居住空间生活条件落后，青年人口大量流失，社区人口老龄化，购买力不足，导致生活性服务业较为缺乏；商品房社区

图 4.17 各类型居住空间分布

注：彩图见书末。

以中高收入阶层为主，购买力较强，商业综合体发展迅速。因此，古城区、单位社区、商品房社区、保障房社区划分既是居住空间演化的结果，也对居住空间与工业空间、服务业空间的关联造成了广泛影响。

本节从居住空间物质属性、社会属性、经济属性对古城区、单位社区、商品房社区、保障房社区进行综合分析，主要指标包括平均建筑年份、平均容积率、学龄比、青年比、中年比、老龄比、高档车占比、中档车占比、低档车占比、车户比、小区居住空间均价（表 4.6）。

4.3.1 古城区居住空间

1）物质属性特征

古城居住空间位于汶河路以西，北至北城河，东南至古运河，占地面积约 1.9 km² ，平均容积率 0.8，以独门院落建筑形式为主（图 4.17，A）。古城区成型于明清时期，至今仍基本保留原先街巷的肌理。在外业调查过程中，对古城区建筑年份进行了专项调查，目前除文物保护单位外，建筑物基本为 20 世纪 80 年代中期建设。

2）社会属性特征

古城区人口密度较高，为 2.3 万人/km² 。老龄化程度较深，根据人流量断面监测数据，学龄比为 11.18%，青年比为 13.00%，中年比为 34.53%，老龄比为

41.29％，属超老龄社会空间。但古城区中，学区条件较好、房龄较新的社区"绅士化"现象明显，学龄人口比例明显提升，带动了古城区高端服务业的复兴和文化教育服务业的兴起。古城区人群收入相对较低，高档车占比3.53％，中档车占比22.29％，低档车占比74.18％，每百户家庭车辆拥有量为7.4辆，远低于2017年扬州市城镇居民家庭平均每百户家用汽车拥有量为33.4辆的平均值。主要有三个原因：一是古城区建筑空间密集，停车位较为缺乏；二是生活条件便利，汽车使用率相对较低；三是由于年龄结构偏高，通勤需求下降。

3）经济属性特征

古城居住空间学区条件相对完善、环境条件优越，有力支撑了房地产价格，小区居住空间均价为9 266元/m²，与研究区总体平均价格9 374元/m²基本接近。

古城区物质、社会、经济特征形成主要受人口生命周期影响。作为研究区生长的原点，古城区位于扬州历史文化名城保护区内，至20世纪80年代以来该区域内建筑翻新受到严格限制，基础设施较为陈旧。在此背景下，富裕人群及青年人口不断离开古城居住空间，原有人群随生命周期不断老化，形成超老龄化社会。

4.3.2 单位社区居住空间

1）物质属性特征

单位社区主要分布于外城区（图4.17，B1、B2、B3）。单位社区面积约3.36 km²，平均容积率1.03，多为低层或多层住宅。研究区单位社区基本形成于计划经济或双轨制时期，平均建筑年份为1992年。

2）社会属性特征

单位社区人口密度为5.3万人/km²，较古城区有较大幅度增长。单位社区居住空间人口结构较为复杂，学龄比14.37％，青年比22.41％，中年比31.98％，老龄比31.24％。外来人口对单位社区人口年龄结构产生了较大影响，单位社区建筑年份老旧，但租金相对较低，区位条件较为优越，对收入较低且区位条件要求较高的青年人口有较强的吸引力。较高的租住人口占比缓解了单位社区的老龄化现象。

3）经济属性特征

单位社区居住空间学区、环境条件相对一般，建筑年份相对老旧，小区居住空间均价为8 661元/m²，低于研究区9 374元/m²的平均价格。

单位社区特征与单位性质、生命周期有较大关联，可将单位社区按单位性质分为企业单位社区与机关事业单位社区两种类型。①企业单位社区特征与企业经济效益有较大关联，社会结构较为复杂。20世纪90年代国有企业改革快速推进，城市东部、南部国有企业"退城进园"或改制、破产，空间变动较为频繁。部分企业职工随企业变动搬迁，或随企业改制、破产后另谋职业，脱离了人身依附关系，导致企业单位社区人口迁居现象较为普遍，加之企业单位社区周边大型商贸设施较为集中，流动人口较多，导致企业单位社区社会结构更加复杂。②机关事业单位相对稳定，其特征主要受生命周期影响。机关事业单位人口工作相对稳定，社区内房地产租赁市场不够发达，"外部"人口进入相对较少，社区特征以生命周期作用为主。

4.3.3　商品房社区居住空间

1）物质属性特征

1998 年住房制度改革后，商品房社区逐渐成为社区居住空间的主要形式。商品房社区主要分布于邗江路沿线及新城西区（图 4.17，C1、C2）。目前商品房社区占地面积 14.91 km²，平均容积率 1.37，以多层、中高层住宅为主，平均建筑年份为 2007 年。

2）社会属性特征

商品房社区以中年人口为主，学龄比 13.72%，青年比 20.35%，中年比 45.31%，老龄比 20.62%。商品房社区财富结构中，高档车占比 20.43%，中档车占比 52.53%，低档车占比 27.04%，每百户家庭汽车拥有量为 42.61 辆，高于平均数，可见商品房社区是中高收入人群的主要居住空间。

3）经济属性特征

研究区小区居住空间均价为 10 665 元/m²，在几种居住空间类别中最高。

城市规划特别是公共服务设施布局对商品房社区特征形成起主导作用。①住房体制市场化全面推进期（1999—2009 年），研究区公共服务设施集中于文昌路沿线，城市高档商品房社区随之分布，空间形态以线状为主。②住房体制市场化调整完善期（2010—2017 年），城市公共服务设施布局延展至新城西区，商品房社区围绕公共服务设施呈"环形"分布。中心地带受公共服务外溢效应明显，房地产价格较高；"环形"外部公共服务设施外溢效应减弱，房地产价格较低，由此导致物质、社会、经济特征分异。

4.3.4　保障房社区居住空间

1）物质属性特征

保障房社区主要位于单位社区外侧，以 2000 年为界可分为前、后期两个阶段。前期安置区集中分布于城市西部，如兴城西路、翠岗路、文昌西路沿线的四季园、翠岗、兰苑等；后期安置区空间分布较为均匀，如东区文昌花园、文昌北苑、曲江新苑，南区杉湾花园、汤汪花园，西区绿杨新苑，北区佳家花园等（图 4.17，D1、D2、D3、D4）。保障房社区面积约 10.85 km²，平均容积率 1.17，前期保障房社区以多层为主，后期保障房社区以中高层建筑为主。目前保障房社区平均建筑年份为 2005 年。

表 4.6　各类居住空间综合指标

居住空间开发方式	面积/km²	平均容积率	平均建筑年代/年	人口密度/(万人·km⁻²)	年龄结构					财富结构				小区居住空间居住均价/(元·m⁻²)	主导形成机制
					学龄比/%	青年比/%	中年比/%	老龄比/%	高档车占比/%	中档车占比/%	低档车占比/%	车户比/%			
古城区	1.90	0.80	1985	2.30	11.18	13.00	34.53	41.29	3.53	22.29	74.18	7.40	9 266	人口生命周期
单位社区	3.36	1.03	1992	5.30	14.37	22.41	31.98	31.24	7.49	57.08	35.43	19.60	8 661	人口生命周期,计划经济体制
商品房社区	14.91	1.37	2007	3.40	13.72	20.35	45.31	20.62	20.43	52.53	27.04	42.61	10 665	人口生命周期,市场经济体制,城市规划
保障房社区	10.85	1.17	2005	2.50	12.14	23.18	34.43	30.25	11.50	46.84	41.67	22.10	8 327	人口生命周期,计划经济体制,市场经济体制

2）社会属性特征

保障房社区人口结构中，学龄比 12.14％，青年比 23.18％，中年比 34.43％，老龄比 30.25％。不同保障房社区人口结构差异较大：2010 年之前建设的保障房社区由于公共服务设施相对较差，对青年人口吸引力较低，老龄化程度严重，如南区的杉湾花园、九龙花园；2010 年后新建的保障房社区配套较为完善，与产业园区之间的交通便利，吸引了不少青年人口，导致人口结构的分化。保障房社区财富结构中，高档车占比 11.50％，中档车占比 46.84％，低档车占比 41.66％，平均每百户家庭汽车拥有量为 22.1 辆。总体而言，保障房社区位置较为偏僻，房地产价格相对较低，对中低收入家庭吸引力较大。

3）经济属性特征

保障房社区开发主体为各级地方政府，主要采取成片开发模式，公共服务配套一般；居住人群主要为拆迁安置人口，人群结构复杂。因此其价格相对较低，小区居住空间均价为 8 327 元/m²。

保障房社区作为城市发展战略的实施工具，起到土地开发先导作用[226]。1990年代扬州城市发展战略以西进为主，四季园等保障房社区不仅分摊了基础设施建设成本，降低了土地开发风险，同时还起到聚集人气的作用。随着住房体制市场化的深度推进，市场化弊端逐步凸显，在此背景下，保障房"兜底"功能日趋突出，开发区位趋向多元。

4.4　本章小结

本章对研究区社区的物质、社会和经济空间现状与特征进行了分析；将社区居住空间按开发方式和形成年代划分为古城区、单位社区、商品房社区、保障房社区，对古城区、单位社区、商品房社区、保障房社区的物质、社会和经济特征进行了归纳分析。主要结论如下：

①古城区位于内城区，空间结构形成于明清时期。古城区以独门院落形式为主，人口老龄化较为严重，居民收入相对较低。但公共服务特别是学区条件较好、房龄较新的社区"绅士化"现象明显，学龄人口比例明显提升，社区的"绅士化"和学龄人口的集聚带动了古城区高端服务业的复兴和文化教育服务业的兴起，并未出现欧美城市普遍存在的"中心空洞"现象。古城区物质、社会、经济特征的形成主要受人口生命周期作用影响。

②单位社区形成于计划经济或双轨制时期，多位于外城区，一般围绕企事业单位周边分布，多为低层或多层住宅。单位社区户型小、租金低，公共服务条件较为完备，成为外来务工人员落户的重要"中转站"，人口结构较为复杂。单位社区特征既是生命周期作用的结果，也与单位性质明显关联。

③商品房社区主要形成于 1998 年住房制度改革之后，多分布于近郊区，以近

年来开发的新城最为密集，以多层和中高层住宅为主。商品房社区人群分化较其他类型居住空间更为严重。城市规划及公共服务设施建设对商品房社区特征形成起关键作用。

④保障房社区以 2000 年为界，早期保障房社区以多层为主，多分布于单位社区外侧，2010 年后新建设的保障房社区以中高层建筑为主，多位于近郊区，以组团形式分布。不同保障房社区人口结构差异较大：2010 年之前建设的保障房社区老龄化程度严重；之后建设的保障房社区与生产空间融合较为紧密，青年人口占比显著提高。保障房社区作为城市发展战略的实施工具，起到土地开发的先导作用。

第5章 扬州市居住空间演化过程与特征

　　百年来政治、经济、社会的多次转型引发中国城市居住空间形态的巨大变化。扬州作为首批国家级历史文化名城，政治、经济、社会转型也在其居住空间演化过程中留下了深刻的历史印记。本章将在第 4 章截面空间研究基础上，分析百年来居住空间的历史背景、格局特征及典型社区的微观形态，并在此基础上归纳扬州居住空间演化的一般规律。

5.1　居住空间演化过程

5.1.1　中华人民共和国成立前

　　中华人民共和国成立前（1556—1948 年），研究区居住空间总体特征为：旧城居住空间与公共空间并行发展，两者融合程度较低，封建士人群体是旧城居住空间形成的主导动力；新城居住空间依附于服务业空间，两者融合程度较高，盐商群体是新城居住空间形成的主导动力。

1）历史背景

　　历史上一般将公元前 486 年作为扬州建成之始。《左传》记载：鲁哀公九年（公元前 486 年），秋，吴城邗，沟通江淮。作为大运河与长江交汇之地，扬州长期扮演着东南地区经济中心和淮南江北地区政治中心的角色，城市建设受到历代封建王朝的高度重视。据史书记载，从春秋鲁哀公九年（公元前 486 年）吴王夫差筑邗城起到明嘉靖三十五年（1556 年）知府吴桂芳建扬州新城止，此 2 000 年中，较大的筑城之举有 18 次。现在扬州城总体格局奠定于明代。明洪武三年（1370 年）明政府实施盐业"开中法"后，于扬州设置两淮都转运盐使司。大批山陕商人来扬州营销食盐，加之兼顾预防水患、抵御倭寇的需要，扩建旧城势在必行。在此背景下，明嘉靖三十五年（1556 年），知府吴桂芳在旧城东郭直至运河建设新城。扬州城"东市西府"总体格局由此形成[227-228]。

清末民初，津浦、沪宁铁路兴建，海运兴起，运河水运交通日趋衰落，加之两淮盐业重心北迁淮北，扬州城市发展迟缓。至中华人民共和国成立前，扬州建成区面积仅 6 km²，范围大体东至洼子街，西至西门外街，南至南门外街、皮坊街两线，北至北门外凤凰桥街、便益门外高桥街两线[229]。这一时期，扬州城区缓慢向运河方向发展，基础设施、公共服务设施、现代工业基本位于运河沿线，如：①便益门外扬仙公路、缺口外扬霍公路、福运门外扬圩公路、南门外扬六公路；②福运门汽车站；③浸会医院；④模范马路；⑤高桥外街麦粉厂，南门振扬电厂（图5.1）。

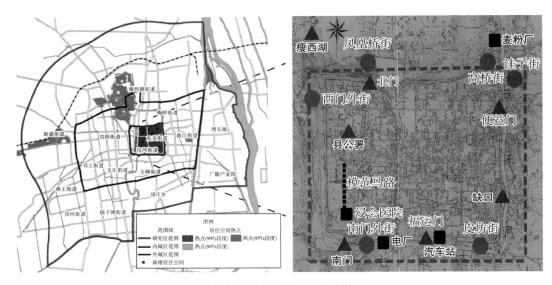

图 5.1　民国时期扬州城区范围

注：民国十年（1921 年）江都县城厢图，原制图单位为淮扬徐海四属平剖面测量局。

2）空间格局

（1）公共空间主导下的旧城居住空间

扬州旧城东至小秦淮河，北至北城河，西至二道河，南至古运河。扬州旧城作为地方行政中心严格按封建城市规制建设，街巷规整有序。在旧城汶河西侧，地方衙署、教育、宗教等公共建筑占据绝对优势，特别是扬州府学占地规模巨大。据著名史学家黎东方回忆，扬州府学孔庙"规模之大，不仅非一般的县学可比，亦非我所见的中国若干府的府学可比。平心而论，只有曲阜的孔子庙，比扬州府的府学大"[230]（图 5.2）。

旧城汶河以东主要为居住空间，住宅内敛低调，气质清淡，与新城大宅深院区别明显。旧城主要人群为衙署工作人员、读书人、退休官员、城郊地主等，如清代扬州学派代表焦循、汪中、阮元、任大椿等。由于上述人群多为封建士人，相较盐商更强调建筑形制的合规性，生活情趣更加恬静优雅。据董玉书《芜城怀旧录》记载，乾隆南巡扬州时，问及扬州新城与旧城有何区别，扬州籍翰林秦黉指出："新城盐商所居，旧城读书人所居。"[231]清初何嘉埏《扬州竹枝词》咏道："半是新城半旧城，旧城寥落少人行。移来埂子中间住，北贾南商尽识名。"

（2）服务业空间主导下的新城居住空间

扬州新城东、南至古运河，北至北城河，西至小秦淮河与旧城毗邻。新城修筑基于服务业发展、抵御倭寇双重考虑：明嘉靖三十二年至三十四年（1553—1555年）间，倭寇年年侵犯扬州，新城商贾损失惨重；明洪武三年（1370年）开中盐法制度实施以来，盐业贸易繁盛，于新城设两淮都转运盐使司等盐务管理机构，外来人口大量增加[232-233]。

明清新城是城市空间"自组织"产物，街巷自由而不规整，盐商、市民阶层显著分化。盐商倾向于"近水近衙"，而市民则倾向于"居住＋服务业＋手工业"混合空间。

盐商的居住空间呈"近水近衙"格局。"近水"指接近盐业运输枢纽的京杭运河扬州城区段，该段京杭运河集聚了众多码头、仓库，意义在于方便盐商就近管理盐船运输[234]。清朝人董伟业在《扬州竹枝词》中说："艖客连樯拥巨赀，朱门河下锁葳蕤。乡音歙语兼秦语，不问人名但问旗。""近衙"格局第一层意思指接近盐业管理机关——两淮巡盐御史衙门、两淮盐运使署衙门。两个机关是淮盐管理的核心，负责两淮地区的食盐运销、征课、钱粮支兑拨解，湖南、湖北、江南、江西4省盐引批验[235]，盐商缴纳盐税、领取盐引均依赖此机构[236]。"近衙"格局第二层意思指接近同业公会，包括运商联合办公机构"四岸公所"，场商联合办公机构"场盐会馆"，各省盐商互助机构如湖南会馆、湖北会馆、岭南会馆、安徽会馆、浙绍会馆、江西会馆、新安会馆等，以及盐引交易市场"引市街"，从而为盐商掌握盐市行情、筹措资金、拓展人脉、获取相关信息提供便利。

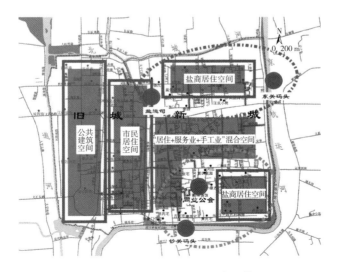

图 5.2　1556—1948 年居住空间格局

新城普通市民阶层分行业聚居，表现为"居住＋商业＋手工业"混合空间格局。①"居住＋服务业"空间。作为东南沿海重要商业城市，扬州既是全国盐业贸易中心，也是漕粮运输的重要中转站，服务业职能突出。扬州新城服务业分工极细，有农副产品、饮食服务等 15 个专业市场，形成以教场、辕门桥、小东门、彩衣街综合市场为主干，专业市场为枝干的树形格局[237]。居住空间则在服务业空间主导下依次分布，目前扬州街巷名称仍体现当时服务业空间分布特征，如皮市街、风箱巷、蒸笼巷等[238]。②"居住＋手工业"空间。商人、手工业者所在服务业空间、手工业空间与居住空间混杂，形成"前店、中坊、后居"的空间形态[239-240]。

3）典型居住空间

中华人民共和国成立前是古城居住空间形成的主要时期。该阶段居住空间多与手工业、服务业紧密关联，以教场片区最具代表性［图 5.3（a）］。

教场片区北至今文昌路，南至多子街、左卫街一线，东至皮市街，西至小秦淮河，面积 0.55 km²。教场片区可分为 3 类空间，分别是生活性服务业空间、手工业空间、居住空间，上述空间以商业街为中轴，向两侧依次排开［图 5.3（b）］。

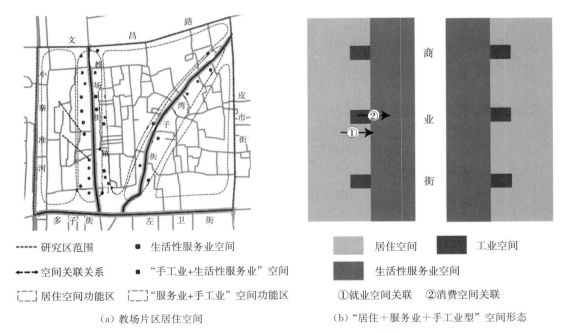

—---- 研究区范围	● 生活性服务业空间
←→ 空间关联关系	■ "手工业+生活性服务业"空间
〔--〕居住空间功能区	〔--〕"服务业+手工业"空间功能区

（a）教场片区居住空间

居住空间　　工业空间

生活性服务业空间

①就业空间关联　②消费空间关联

（b）"居住＋服务业＋手工业型"空间形态

图 5.3　"居住＋服务业＋手工业"型居住空间

生活型服务业空间以商业最为典型，主要分布于校场街、辕门桥、多子街、左卫街、湾子街，其中校场街—辕门桥一线最为繁华，自明清至 20 世纪 80 年代一直为研究区服务业中心，主要行业包括香粉业、鞋帽业、纸业、百货业、油漆业、南北货业、餐饮业等，时至今日还保留有大麒麟阁、富春茶社、谢馥春、绿杨春等老字号企业[241]。

手工业空间依附于生活性服务业空间。生活型服务业中香粉业、鞋帽业、副食品业在空间布局上一般采取"前店后坊"形式，以得胜刀剪、大麒麟阁、谢馥春最为典型，由此形成"生活性服务业＋手工业"混合空间[242]。这种空间模式的形成一是受市场规模较小限制，店铺后进空间已能满足生产规模需要；二是受交通条件限制，将生产环节与销售环节统一起来，能有效压缩时空成本，提升商业利润。

居住空间主要分布于商业街两侧街巷。居住空间与生活性服务业空间、手工业空间存在紧密的通勤关联。1949 年之前，城市交通以步行为主，时空成本相对较高，通勤圈一般在生活空间的半小时半径内，因此居住空间外侧的生活性服务业空间、手工业空间成为最重要的生产空间；居住空间与生活性服务业空间紧密融合，能够最大限度减少消费的时空成本；附属于生活性服务业空间的手工业规模较小，环境污染程度较低，导致两者互斥性较低。

5.1.2　计划经济时期

1）历史背景

计划经济时期（1949—1978 年）是单位社区形成的主要时期，该时期单位社区以企业自建为主，可分为 3 个阶段：

①1949—1957 年为社会主义改造时期。为改善底层劳动人民居住条件，从 1952 年开始陆续兴建了渡江桥南第一工人新村、广储门外第二工人新村等居住空间；苏北农学院、苏北师范专科学校建校，配套建设了苏农新村等教师新村。这一时期，共计新增居住空间 8 个，建筑面积 7 万 m²，年均新增 0.78 万 m²。

②1958—1966 年为社会主义建设时期。该时期在"先生产、后生活"方针指导下，居住空间建设有所放缓。这一时期共计新增社区居住空间 1 个，建筑面积 7 万 m²，年均新增 0.88 万 m²，但受原有居住空间拆除因素影响，实际居住空间面积并未增加。

③1967—1978 年为"文化大革命"阶段。该阶段共计新增社区居住空间 5 个，年均新增居住空间建筑面积在 1 万 m² 以内[243]。至 1978 年，研究区共有缺房户 12 756 户，其中无房户 3 168 户，住房拥挤户 5 516 户，三代同居一室户 463 户，住房紧张已成为社会生活中的突出问题。

2）空间格局

使用 Ripley's K 指数测算居住空间点要素分布模式。在 300～700 m 区间，Ripley's K 指数在 400～750 之间波动，高于预期 K 值，表现为集聚状态；大于 700 m区间，Ripley's K 指数值低于预期 K 值，表现为离散状态。总体而言，该阶段居住空间呈宏观离散、微观集聚的组团状态。

以社区居住空间为单位，进一步测算居住空间热点。该阶段共计新增居住空间 14 个，可分为 3 个组团，分别是城南文峰街道的皮坊街、宝塔社区（图 5.4，A）；城西双桥街道的文苑、双桥社区（图 5.4，B）；城北梅岭街道的丰乐、广储社区（图 5.4，C）。

图 5.4　1949—1978 年居住空间格局

3）典型居住空间

该阶段居住空间可分为"工业＋居住"空间、"文教＋居住"空间、"行政＋居住"空间 3 类，其中以"工业＋居住"空间较为典型。①"工业＋居住"空间，以文峰街道的宝塔社区最为典型。在计划经济体制下，行政地位对各类生产要素具有集聚作用。这一时期，扬州是苏北行政公署所在地（1950—1953 年）和扬州专区行政中心，较高的行政地位加速了工业要素集聚，苏北大华棉织厂、扬州铁工厂、304 厂等大中型企业分别由东台、泰州、上饶迁入扬州，同时新建了苏北机米厂、扬州植物油厂等，这些企业大多选择交通便利的古运河沿岸。为解决职工居住问题，配套建设了第一工人新村、第二工人新村、劳动新村等集中居住区[244]。②"文教＋居住"空间，以双桥街道的文苑、双桥社区最为典型。为促进苏北高等教育发展，中华人民共和国成立初期，国家先后在扬州兴建了苏北农学院、苏北师范专科学校、扬州工业专科学校。为解决教师住房问题，在二道河、北门建设苏农一村、苏农二村、苏农三村、苏农四村及师专宿舍，城市西部居住空间由此拓展。③"行政＋居住"空间，以梅岭街道的丰乐、广储社区最为典型。扬州地处淮河入江口，是治淮的关键节点，1951 年苏北治淮指挥部选址扬州东关街，围绕"治淮工程"新建了治淮新村等单位社区[245]。

该阶段城市经历了快速工业化过程，居住空间依附于工业空间快速扩张，以"居住空间＋工业空间"融合结构最为典型，其中城市西南部宝塔湾工业区最具代表性［图 5.5（a）］。该片区西北两侧为古运河、东侧为渡江路、南侧为现开发路，江阳路横穿东西，面积 2.22 km²，主要包括文峰街道的皮坊街、宝塔社区，其中工业空间 1.13 km²，占总面积的 50.9%，居住空间 0.95 km²，占总面积的 42.8%，服务业空间 0.14 km²，占总面积的 6.3%。该片区可分为工业、居住、服务业空间 3 个功能区。①宝塔湾片区西北侧临古运河、江阳路横穿东西，对外交通较为方便，自 20 世纪 50 年代开始就是扬州市最重要的重工业区，分布有农业机械厂、农药厂、制药厂等大中型企业，20 世纪 90 年代后，随着国有企业改革，部分企业破产重组，部分企业由于污染严重，逐步搬迁至远郊工业园区[246]。宝塔湾片区工业企业总体沿河、沿路分布，运输量较大的化工、建材企业以沿河为主，运输量较小的机械、轻工企业以沿路为主。②居住空间在域内呈不规则分布，但就微观而言，一般以工业企业为核心，居住空间分布于工业企业周边。这是由于该片区居住空间多为单位社区，企业为居住空间建设主体，在选择居住空间时，出于征地便利性和职工通勤方便考虑，更多选择工业企业的周边。在宝塔湾片区内，多企业进行分散性居住空间的区位选择，导致了分布格局的随机性。③宝塔湾片区内服务业占比仅为 6.3%，多集中于东侧渡江路沿线，以提供居民日常消费的小卖部为主。服务业占比相对较少，一是由于改革开放前，企业职工收入水平较低，消费量较为有限，服务业空间布局也相对较少；二是宝塔湾片区距离市中心辕门桥仅 1.5 km，居民大宗消费更多倾向辕门桥服务业中心。

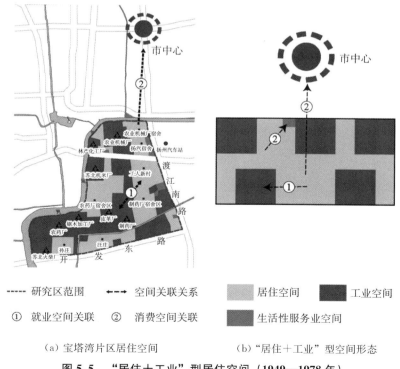

（a）宝塔湾片区居住空间　　　　（b）"居住＋工业"型空间形态

图 5.5　"居住＋工业"型居住空间（1949—1978 年）

宝塔湾片区以单位社区为主，居住—工业空间关联为核心，表现为通勤联系，因此居住空间多分布于工业空间周边［图 5.5（b）］。生活性服务业空间多分布于片区内主干道两侧，仅为居民提供日用品消费，大宗商品消费更多依赖辕门桥市级服务业中心。该阶段，由于经济发展程度相对较低，生产性服务业尚未成为独立产业类型。

5.1.3　福利住房与市场化双轨制时期

1）历史背景

福利住房与市场化双轨制时期（1979—1998 年）可分为 2 个阶段：1979—1989 年，以政府统一建设的单位社区为主；1990—1998 年，以房地产企业开发的商品房社区为主。

①福利住房与市场化双轨制前期（1979—1989 年）是居住空间东向扩展时期。该阶段累计新建居住空间建筑面积 200 多万 m²，约 10 万人迁进新居。城市人均居住面积从 1977 年的 3.6 m² 增加至 6.5 m²。住宅由各单位零星分散建设转为集中成片开发。居住空间建设的重点是城东新区和城北新区，城东新区主要由东花园、沙中（沙北、沙南新村）、顾庄等住宅区组成［图 5.6（a），A］；城北新区主要由梅岭、窦庄、高桥、友谊新村等住宅区组成［图 5.6（a），B］。该时期，居住空间以满足居民居住功能为主，户型大多为二室一厅一厨一卫，建筑面积为 60～80 m²。

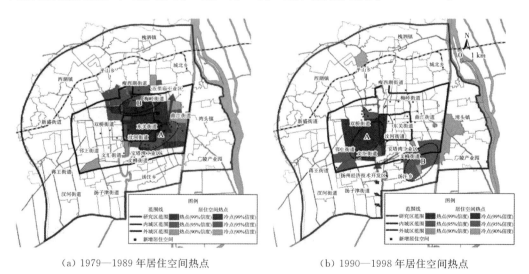

（a）1979—1989 年居住空间热点　　　　　　（b）1990—1998 年居住空间热点

图 5.6　1979—1998 年居住空间格局

②福利住房与市场化双轨制后期（1990—1998 年）是居住空间西向拓展时期。该阶段新建居住空间面积 307.37 万 m²，人均居住面积快速增长至 14.7 m²。居住空间市场化开发逐步占据主导地位，1990 年，扬州仅有中国房地产开发总公司扬

州分公司等房地产企业 10 家,至 1998 年增长至 63 家。居住空间逐步向西区拓展,如四季园、宝带新村、新城花园等。

2) 空间格局

使用 Ripley's K 指数测算居住空间点要素分布模式。在 0 ~ 1 400 m 区间,Ripley's K 指数在 200 ~ 1 500 之间波动,高于预期 K 值,表现为集聚状态。以社区居住空间为单位,进一步测算居住空间热点。

①1979—1989 年,该阶段共计新增居住空间 47 个,空间热点分为 2 个组团,分别是内城区东侧曲江街道解放桥、跃进桥、沙北社区 [图 5.6 (a),A];内城区北侧梅岭街道便益门、漕河、凤凰桥社区 [图 5.6 (a),B]。

②1990—1998 年,该阶段共计新增居住空间 53 个,空间热点从内城区东北侧转移至西南侧,包括文汇街道的宝带、花园、新华社区,双桥街道的文苑、康乐社区 [图 5.6 (b),A];而宝塔湾工业区所在文峰街道成为该阶段显著冷点 [图 5.6 (b),B]。

3) 典型居住空间

该阶段仍以"居住＋工业"空间最为典型,但与上阶段随机融合微观形态相比,该阶段微观形态表现为"工业＋居住"空间相邻融合、"工业＋居住"空间分离融合两类。

①"工业＋居住"空间相邻融合 [图 5.7 (a)]。该形态以 20 世纪 80 年代新建的外城区东部曲江街道解放桥、跃进桥、沙北社区 [图 5.6 (a),A],外城区北部梅岭街道便益门、漕河、凤凰桥社区 [图 5.6 (a),B] 最具代表性。为解决城区住房紧张状况和知识青年返乡问题,1979 年,扬州市革命委员会成立住宅统一建设领导小组办公室,主要职能为城市住宅建设"六统一",即统一规划、统一投资、统一设计、统一征地拆迁、统一施工、统一分配,在此背景下居住空间规模明显扩大,改变了上阶段居住空间由各单位分散建设导致的"小、散、乱"状况(表 5.1)。该阶段工业空间除外城区西南部宝塔湾工业区外,外城区东北部五里庙工业区也逐渐兴起,为解决 2 个工业区职工住房问题,在五里庙工业区南侧兴建了曲江街道解放桥、跃进桥、沙北社区居住空间,西侧兴建了便益门、漕河、凤凰桥社区居住空间。此时,居住空间与工业空间呈相邻融合状态,优势在于:有利于降低职工通勤成本;有利于避免上阶段空间混融带来的人居环境问题;由于居住空间建设规模较大,有利于公共服务设施的配套布局。

表 5.1　1979—1989 年热点区新建小区居住空间

街道	住宅区名称	建筑面积/万 m²	幢数/幢	套数/套	层数/层	结构	起始建筑年份/年
曲江	东花园	18.00	121	3 005	4~6	砖混	1981
	沙中	11.73	85	2 081	4~6	砖混	1980
	桑园	2.11	36	432	2	砖混	1985

续表

街道	住宅区名称	建筑面积/万 m²	幢数/幢	套数/套	层数/层	结构	起始建筑年份/年
梅岭	友谊	8.52	57	1 573	4～6	砖混	1982
	窦庄	2.51	24	396	4	砖混	1980
	梅岭	1.07	7	264	4	砖混	1980
	老虎山	0.82	57	200	1	砖混	1979

②"工业＋居住"空间分离融合［图 5.7（b）］。这一形态以 20 世纪 90 年代新建的外城区西南部文汇街道的宝带、花园、新华社区，双桥街道的文苑、康乐社区［图 5.6（b），A］最具代表性。1980 年代中后期，外部空间对居住空间扩张影响趋于显著。随着以上海为中心的区域经济一体化格局初步形成，为强化与上海、苏南地区的经济接轨，1992 年在城市西南设立以扬州经济技术开发区为代表的工业空间。与宝塔湾、五里庙工业区相比，扬州经济技术开发区紧邻宁通高速、瓜洲汽渡、扬州港，与上海、苏南城市联系更为便捷。在此背景下，居住空间发展方向也随之剧烈调整，外城区西南部成为新的居住空间热点。

与上一时期相比，该阶段商品住宅开发更加重要，住宅选择主要因素从面积、户型转向环境、公共服务等因素。因此，该阶段居住空间与工业空间在宏观方向一致的前提下，微观联系相对减弱，空间格局由相邻融合转为更加松散的分离融合，居住、工业空间之间以主干路、河流隔离，如文汇街道的宝带、花园、新华社区与扬州经济技术开发区之间以江阳路、新城河、宁通高速公路进行分割。

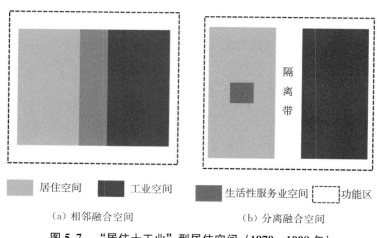

（a）相邻融合空间　　　　　　　　（b）分离融合空间

图 5.7　"居住＋工业"型居住空间（1979—1998 年）

5.1.4　住房体制市场化全面推进期

1) 历史背景

住房体制市场化全面推进期（1999—2009 年），扬州城市经济中服务业占比逐步加大。2008 年，扬州服务业 GDP 占比已达 35.3%，其中作为研究区主体的广陵区、邗江区服务业 GDP 占比分别为 40.7%、35%，从业人员占比分别占全社会从业人员的 44.1%、42%（图 5.8）[247]。同时，随着居民生活水平提高，住房消费不仅局限于满足基本居住需求，服务业配套水平也成为重要的区位选择因子。上述因素叠加，导致服务业已成为住房体制市场化全面推进期居住空间演化的核心关联要素。

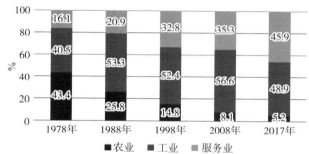

图 5.8　1978 年以来扬州市三次产业占比变化

数据来源：扬州市统计局，《砥砺奋进四十年，昂首迈入新时代——改革开放四十周年扬州市服务业发展成绩斐然》，2019 年 1 月 3 日

在此期间，随着住房体制市场化全面推进，居住空间演化出现了两个显著特点：一是居住空间发展明显加速，2001—2005 年，扬州市区房地产开发累计投资达 133.58 亿元，累计施工建设商品房 1289.49 万 m²，年均增长率为 33.17%；累计竣工商品房 587.27 万 m²，年均增长率 17.43%；而上一阶段的 1990—1998 年，9 年间累计施工建设商品房仅为 562.05 万 m²，累计竣工商品房 309.96 万 m²。二是居住空间档次显著分化，出现了一批规模在 10 万 m² 的中高档小区，如东方百合园、春江花园、海德公园、新港名城等，以典藏园为代表的别墅小区也逐渐出现。

2) 空间格局

使用 Ripley's K 指数测算居住空间点要素分布模式。Ripley's K 指数在各区间均显著高于预期 K 值；采用最近邻指数（NNI）加以验证，NNI 指数为 0.76（$p = 0.000$），通过 0.01 的显著性水平检验，表明居住空间集聚状态非常显著。

以社区居住空间为单位，进一步测算居住空间热点 [图 5.9（a）]。①该阶段共计新增小区居住空间 182 个，空间热点主要分布于文昌路轴线和邗江路轴线两侧。文昌路轴线沿线包括新盛街道的殷巷、大刘社区，邗上街道的五里、兰庄、文昌社区；邗江路轴线沿线包括西湖镇的翠岗社区，邗上街道的贾桥、冯庄社区，蒋王街道的佘林村。②计划经济时期的宝塔湾工业区则持续成为冷点，该阶段仅新增居住空间 5 个。

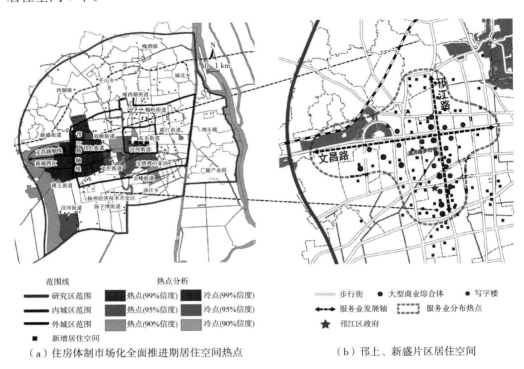

范围线
—— 研究区范围
— 内城区范围
— 外城区范围
■ 新增居住空间

热点分析
■ 热点(99%信度)   ■ 冷点(99%信度)
■ 热点(95%信度)   ■ 冷点(95%信度)
■ 热点(90%信度)   ■ 冷点(90%信度)

—— 步行街   ● 大型商业综合体   ● 写字楼
◄—► 服务业发展轴   ⌐⌐⌐ 服务业分布热点
★ 邗江区政府

（a）住房体制市场化全面推进期居住空间热点　　　（b）邗上、新盛片区居住空间

图 5.9　1999—2009 年居住空间格局

3）典型居住空间

该阶段以"居住＋服务业"空间最为典型，其中以城市西部邗上、新盛片区最具代表性［图 5.9（b）］，该区域东至新城河路，西至启扬高速，北至平山堂路，南至江阳路，面积约 11.05 km²。

2000 年后，随着邗江撤县设区，区政府西迁邗上街道，扬州火车站选址城西，润扬大桥选址瓜洲，位于近郊区西部的邗上、新盛街道服务业发展迅速，该片区服务业的快速发展不仅创造了大量就业机会，为居住空间提供了良好的市场环境，同时满足了居民日益增长的物质文化需求，形成了以文昌路、邗江路为主轴的居住—服务业融合区，该区域分布有写字楼 16 幢，大型商业综合体 8 座，其中文昌路沿线代表性写字楼有公元国际、国泰科技综合体、德馨大厦等，大型商业综合体有来鹤台广场、京华城、五彩世界、望月路步行街等；邗江路沿线代表性写字楼有威亨大厦、联合广场、现代广场、星座国际等，大型商业综合体有万达广场、力宝广场、三盛广场等。写字楼以生产性服务业为主，包括研发设计服务、信息服务、金融服务、节能与环保服务、人力资源管理与职业教育培训服务等；大型商业综合体以生活性服务业为主，包括居民零售和互联网销售服务、居民和家庭服务、健康服务、旅游游览和娱乐服务、体育服务、文化服务、住宿餐饮服务、教育培训服务、居民住房服务等。

在居住、服务业空间紧密融合的同时，居住、工业空间日渐疏离，主要有两点原因：①进入 21 世纪以来，工业产值占比下降，就业吸纳能力有所降低。2008年，作为研究区主体的广陵区、邗江区工业产值占比已分别下降至 57.56%、60.05%，全市工业与服务业从业人员相对占比从 1988 年的 2.02 倍下降至 1.44倍。随着工业就业吸纳能力的下降，居住—工业空间关联度有所降低，两者重心距离已达 6 km，在空间上表现出分离趋势。②居住、工业空间邻避效应明显。随着生活水平的提高，城市居民对生活环境、服务业配套要求显著提升。由于该阶段扬州仍然处于重化工业化时期，环保门槛相对较低，作为工业空间的集聚区域，扬州经济技术开发区部分产业环境污染严重，导致该阶段居住、工业空间邻避效应较上一阶段更为明显。

5.1.5　住房体制市场化调整完善期

1）历史背景

随着住房体制市场化的深度推进，市场化弊端逐步凸显，特别是房价快速上涨，导致一系列经济和社会问题。在此背景下，国家着手通过"市场配置＋政府保障"协同解决住房问题，先后下发了《解决城市低收入家庭住房困难的若干意见》（国发〔2007〕24 号）、《解决城市低收入家庭住房困难发展规划和年度计划编制指导意见》（建住房〔2007〕218 号）。扬州市也结合上述文件精神，制定了《扬州市市区住房保障规划（2008—2010 年）》《扬州市住房保障和房地产业"十二五"发展规划》等文件，分层分批解决困难群众住房问题，保障房社区由此快速发展，住房体制改革由此进入了住房体制市场化调整完善期（2010—2017 年）。

这一时期，扬州产业发展出现了两大特征：

①高新技术产业发展迅速，在工业产值中的占比逐年提高（图 5.10）。2010 年以来，扬州市高新技术产业在工业产值中占比明显提高；2010 年，扬州市高新技术产业产值仅为 2 224 亿元，在规模以上工业产值中的占比为 37.9%；至 2017 年，高新技术产业产值已达 4 219.5 亿元，在规模以上工业产值中的占比达 45%，已占据工业产值的半壁江山。而作为研究区主体的广陵区和邗江区更是高新技术产业发展的重心。如广陵区 2012 年高新技术产业产值占工业产值的比例为 32.97%，至2017 年，高新技术产业产值占比已达 51.2%；邗江区 2012 年高新技术产业产值占工业产值的比例为 44.47%，至 2017 年高新技术产业产值占比也提升至48.7%[248]。目前，扬州已形成以四大新兴产业（新能源、新材料、新光源、生物技术和新医药）为代表的高新技术产业集群，高新技术产业的崛起使扬州原先以机械、化工、纺织为代表的传统工业结构产生了明显变化。

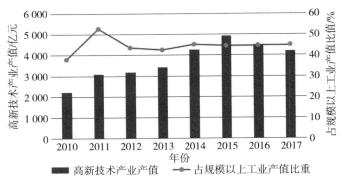

图 5.10　2010 年以来高新技术产业产值及占比变化

②生产性服务业快速发展，在服务业中地位日益突出，对工业经济形成了明显推动作用。生产性服务业占比提高是本阶段经济结构变化的最大特点。2010 年以来，生产性服务业在服务业产值中的占比明显提升，作为生产性服务业的代表行业，软件和信息技术服务业在服务业中的占比已达 9.50%，成为支撑扬州经济增长的新引擎。基于历年 POI 数据库，结合扬州市不动产登记系统发现：2006 年，研究区互联网产业热点社区仅有 5 个，分布于内城区的琼花观、皮市街社区 [图 5.11（a），A]，虹桥、石塔社区 [图 5.11（a），B]；外城区的潘桥社区、冯庄社区、裴庄社区 [图 5.11（a），C]；远郊区西北部西湖镇金槐村 [5.11（a），D]、东南部杭集镇裔庙村 [图 5.11（a），E]。2012 年新增了 9 个热点社区，分别是近郊区东南部沙联村、田庄村 [图 5.11（b），F]、南部新河湾社区 [图 5.11（b），G]；外城区热点 C 向西延伸至兰庄社区、五里社区，向北延伸至武塘社区、石桥社区；近郊区热点 D 分别向东、向南扩展至荷叶村、司徒村。2017 年，热点 C 向南与近郊区热点 G 连成一片；近郊区热点 D 向东南扩张至朱塘村；热点 E 向东扩张至龙王村；西南部新增许庄、余林社区热点 [5.11（c），H]，互联网产业空间呈全域覆盖趋势[249]。

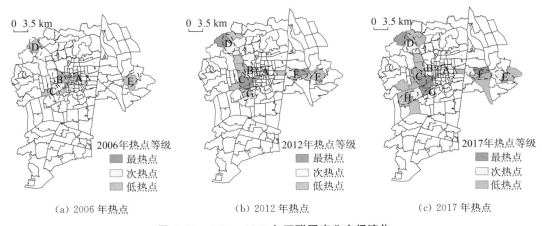

(a) 2006 年热点　　　　　　(b) 2012 年热点　　　　　　(c) 2017 年热点

图 5.11　2006—2017 年互联网产业空间演化

2）空间格局

使用 Ripley's K 指数测算居住空间点要素分布模式。在 0～2 000 m 区间，Ripley's K 指数在 400～2 000 之间波动，高于预期 K 值，表现为集聚状态；大于 700 m 区间，Ripley's K 指数值低于预期 K 值，表现为离散状态。采用最近邻指数（NNI）加以验证，NNI 指数为 0.88（$p=0.018$），通过 0.01 的显著性水平检验。总体而言，该阶段居住空间呈现为宏观离散、微观集聚的组团状态。

以社区居住空间为单位，进一步测算居住空间热点。该阶段共计新增居住空间 116 个，空间热点主要分布于近郊区，具体包括：①扬子津街道的二桥、监庄、新河湾社区，文峰街道的九龙花园、杉湾花园社区（图 5.12，A）；②扬子津街道的顺达、桃园、长鑫、绿园社区（图 5.12，B）；③新盛街道的殷湖、绿杨新苑、大刘社区（图 5.12，C）；④广陵产业园的运东、翠月嘉苑社区（图 5.12，D）；⑤西湖镇的金槐村（图 5.12，E）；⑥内城区及其周边地带则成为显著的居住空间冷点（图 5.12，F）。

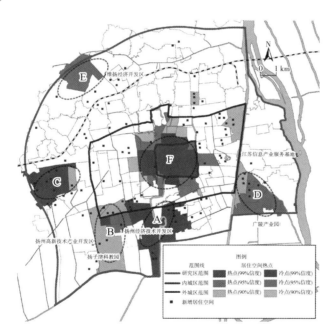

图 5.12　2010—2017 年居住空间格局

3）典型居住空间

该阶段居住空间与"工业＋服务业"空间融合程度加深，产城融合趋势明显。根据产业与居住空间关系可将其分为轴线融合、中心融合、对称融合 3 种形态。

（1）"居住空间＋工业＋服务业"的轴线型产城融合形态

该形态以三湾片区最为典型，三湾片区北起江阳路，南至华扬路，东至渡江路，西至吕桥河，古运河、扬子江路纵贯南北，沪陕高速横穿东西，面积

11.83 km²，主要包括扬子津街道的二桥、监庄、新河湾社区，文峰街道的九龙花园、杉湾花园社区。三湾片区可分为生产、生活 2 个功能区。

生活功能区：由古运河分割，分为东西 2 个板块，西板块分布 7 个商品房社区居住空间［图 5.13（a），A］，配套生活性服务业空间包括欧尚超市、滨格汇、宝龙广场 3 个商业综合体；东板块以保障房社区居住空间为主，包括九龙花园、杉湾花园等［图 5.13（b），B］，配套生活性服务业空间为大润发超市。

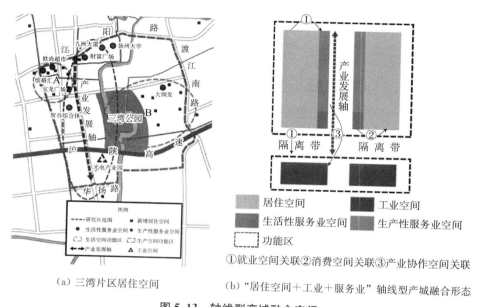

（a）三湾片区居住空间　　　（b）"居住空间＋工业＋服务业"轴线型产城融合形态

图 5.13　轴线型产城融合空间

生产空间功能区：三湾片区扬子江路沿线为生产空间功能区，北部主要分布有财富广场、九洲大厦、智谷科技综合体等生产性服务业空间，南部沪陕高速以南为扬州经济技术开发区光电产业园等工业空间。

居住空间与生活性服务业空间的融合，融合动力在于消费关联。两者位于同一街区之内，以宝龙广场为代表的商业综合体与居住空间距离均不超过 500 m，由此形成紧密的消费关联。消费空间关联还体现在居住空间的经济、社会属性特征与生活性服务业属性特征的关联，三湾西片区以商品房社区为主，年龄结构相对较轻，收入相对较高，服务需求与档次多样，因此生活性服务业空间种类更加丰富，除提供商品消费的欧尚超市之外，更有提供餐饮、娱乐消费的商业综合体，如宝龙广场、滨格汇。三湾东片区以保障房社区为主，人口老龄化较为严重，收入相对较低，服务业类型较为单一，生活性服务业空间主要为大型超市。

居住空间与生产性服务业、工业空间等生产空间的融合动力在于两者存在通勤关联关系。生产性服务业环境污染小，与居住空间互斥性较低，两者融合更为紧密，生产性服务业主要分布于产业发展轴—扬子江路两侧写字楼，居住空间分布于写字楼外侧，两者之间保持了空间邻接关系。以光电产业园为代表的工业空间有一定的环境污染，与居住空间存在互斥性，融合程度相对较低，分布于发展轴南端的产业园内，两者之间以沪陕高速加以阻隔，距离在 3 000 m 左右，可实现 15 分钟内通达。

　　生产性服务业空间与工业空间的融合，动力在于两者之间的产业协作关联。三湾片区生产性服务业主要分布于产业发展轴北段，以智谷科技综合体较为典型，该综合体一期项目 5.5 万 m²，入驻企业 86 个，以研发孵化、软件信息、电子商务、平台服务为主，就业人数超过 1 000 人。智谷科技综合体是国家级小微企业双创基地、国家级众创空间，以瑞丰信息、舜大新能源、航盛科技为代表的生产性服务业与扬州经济技术开发区光电产业、汽车及零部件产业存在着紧密的上下游合作关系，对推动工业企业转型升级、增强竞争力起到重要作用。

　　(2)"居住空间＋工业＋服务业"的中心型产城融合形态

　　该形态以第二城片区最为典型，第二城片区北起江阳路，南至仪扬河，西至赵家沟，东至吕桥河，邗江路纵贯南北，沪陕高速横穿东西，面积 17.62 km²，包括扬子津街道的顺达、桃园、长鑫、绿园社区 [图 5.14 (a)]。第二城片区可分为生产、生活 2 个功能区。

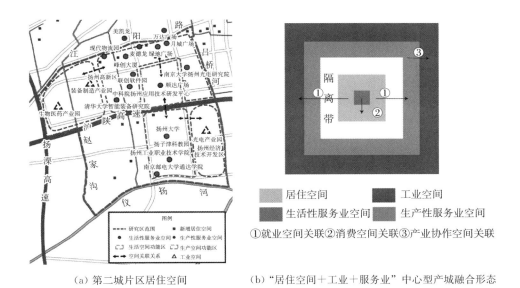

（a）第二城片区居住空间　　　　　（b）"居住空间＋工业＋服务业"中心型产城融合形态

图 5.14　中心型产城融合空间

　　生活功能区：分布于邗江路、沪陕高速、润扬路、开发路所围合的区域，面积 1.44 km²，包括居住空间与生活性服务业空间。其中居住空间 6 个，如名兴花园、星联邦等；生活性服务业空间分布于居住空间功能区中部区域，主要为顺达广场商业综合体，该片区北界江阳路沿线也集中分布有万达广场、麦德龙等商业综合体。

　　生产空间功能区：生产空间以同心圆状分布于生活空间外围，其中内圈层为生产性服务业空间，外圈层为工业空间。生产性服务业空间在沪陕高速以北以写字楼为主要形态，包括中国科学院扬州应用技术研究与产业化中心、南京大学扬州光电研究院、联创软件园、月城广场等；沪陕高速以南为扬子津科教园，包括扬州大学扬子津校区、南京邮电大学通达学院、扬州工业职业技术学院 3 所高等院校，面积 2.37 km²，在校生约 10 万人。工业空间分为东西两个板块，东板块为扬州经济技术开发区光电产业园，主要企业为川奇光电科技（扬州）有限公司、海信集团公司扬州分公司，西部为扬州高新技术产业开发区的装备制造产业园、生物医药产业园。

居住空间与生活性服务业的融合，动力在于消费关联。与三湾片区相比，第二城片区生活性服务业相对集中，其中顺达广场位于居住空间核心位置，与生活性服务业融合程度更高。第二城片区居住空间经济、社会属性更加复杂，北部名兴花园、星联邦为普通商品住宅，淮左郡庄园、金湖湾墅园为别墅区，南部振兴花园为保障房社区，人群的年龄结构、收入结构、职业结构更加复杂，由此形成了万达广场、美凯龙、顺达广场等不同消费层次的商服设施，万达广场主要对应中高收入群体，而顺达广场则定位于社区级服务业中心，消费层次相对较低。

居住空间与生产空间的融合，动力在于通勤关联。第二城片区空间结构与三湾片区相比有较大差异，表现为同心圆结构［图 5.14（b）］：对环境影响较大、工作岗位密度相对较小的工业空间分布于同心圆最外侧；对环境影响相对较小、工作岗位密度较大的生产性服务业分布于同心圆内侧。

（3）"居住空间＋工业＋服务业"的对称型产城融合形态

该形态以河东片区最为典型，河东片区北起文昌路，南至大众港，西至京杭运河，东至淮河入江水道，328 国道横穿东西，面积 13.71 km²。主要包括广陵产业园的运东、翠月嘉苑社区［图 5.15（a）］。该区域也分为生产、生活 2 个功能区。

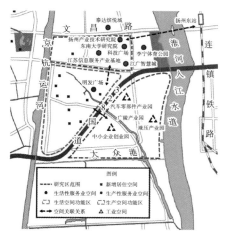

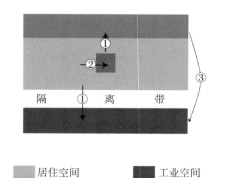

①就业空间关联　②消费空间关联　③产业协作空间关联

（a）河东片区居住空间　　　（b）"居住空间＋工业＋服务业"对称型产城融合形态

图 5.15　对称型产城融合空间

生活空间功能区：分布于运河路、328 国道、京杭运河所围合的区域，面积 4.52 km²，占片区总面积的 32.97%，共计 10 个居住空间，包括商品房社区东方名城、广陵世家，保障房社区翠月嘉苑、翠月东苑等；生活性服务业空间分布于生活功能区中部区域，主要为明发广场综合体，该片区北界文昌路沿线分布有泰达缤悦城。

生产空间功能区：生产空间功能区以对称形式分布于生活空间两侧，北侧为以江苏信息产业服务基地为代表的生产性服务业空间，面积 2.56 km²，占片区总面积的 18.68%，包括江广智慧城、东南大学研究院等；南侧为广陵产业园，以工业空间为主，面积约 5.35 km²，占片区总面积的 39.02%，包括汽车零部件产业园、液压产业园和中小企业创业园等。

居住空间与生活性服务业空间的融合主要体现为消费空间关联。河东片区生活性服务业空间目前仅有明发广场和泰达缤悦城 2 个商业综合体。其中，明发广场位于居住空间核心位置，消费关联更为紧密。与第二城片区相似，河东片区居住空间人群结构也较为复杂，西侧京杭运河沿线为以东方名城、广陵世家为代表的商品住宅；东侧 328 国道沿线为以翠月嘉苑为代表的保障房社区。与三湾、第二城片区相比，河东片区商品住宅开发时间较晚，入住率相对较低，保障房社区虽然入住率较高，但居民消费能力相对有限，由此导致生活性服务业空间发展相对滞后。

居住空间与生产性服务业空间、工业空间等生产空间的融合，动力在于两者之间存在通勤关联。居住空间北侧为以江苏信息服务产业基地为代表的生产性服务业空间。该生产性服务业空间以信息呼叫服务为主，多为京东、喜马拉雅等大型互联网企业提供中低端客服、信息编辑审核服务，研发功能相对较少，就业人群以刚毕业大学生为主，收入相对较低，由此提升了租金相对较低的保障性住房的租住率。同时，广陵产业园与三湾、第二城片区相比，中小企业、创业型企业偏多，以汽车零部件、液压等传统产业为主，高级管理人员、研发人员较少，人群收入一般，导致商品房入住率偏低。

5.2　居住空间时空演化特征

5.2.1　居住空间数量变化

研究区居住空间数量变化总体表现为（图 5.16）：中华人民共和国成立前及计划经济时期居住空间数量增长较慢；福利住房与市场化双轨制时期居住空间数量迅速增长，至住房体制市场化全面推进期达到峰值；住房体制市场化调整完善期，随着城市人口流入增幅趋缓，老龄化程度加深，居住空间数量出现了增幅趋缓的态势。

（1）中华人民共和国成立前（1556—1948 年）

中华人民共和国成立前，居住空间数量较少，共计 14 个。该时期居住空间以自建为主，居住空间为独门院落式住宅，主要分布于内城区。该时期居住空间继承了明清扬州城总体格局，呈"鱼骨状"分布，主干街道两侧分布有大量的商业网点，为城市居民提供生活性服务。

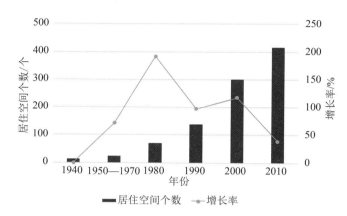

图 5.16　居住空间数量波动增长特征

（2）计划经济时期（1949—1978 年）

1949—1978 年是计划经济时期。该时期工业生产成为城市主要职能，居住空间从上一时期依附于服务业空间转变为依附于工业空间。在此背景下，居住空间增长速度整体较慢，30 年间，研究区居住空间仅增加 10 个。企事业单位是居住空间的主要提供者，建筑形态同质化明显，以低层、多层为主。居住空间分配采取"积分"模式。人群以工作单位为划分在空间集聚，不同区域人群职业差异明显。

（3）福利住房与市场化双轨制时期（1979—1998 年）

1979—1998 年是福利住房与市场化双轨制时期。随着经济建设成为国家工作的重点，改善居民居住条件成为政府亟待解决的问题。这一阶段，居住空间发展速度较快，20 世纪 80 年代居住空间增加至 70 个，20 世纪 90 年代增加至 138 个，其中 20 世纪 80 年代居住空间增长率达 191.67%，是居住空间增长速度的最高值，20 世纪 90 年代居住空间增长率达 97.14%。随着城市居民生活水平的提高和通勤工具的发展，居住空间开始独立于工业空间。该阶段居住空间提供者除国家之外，房地产企业也占据相当比例，呈双轨并行格局，由此导致住宅形态多样化，中高层住宅逐渐增多。价格逐步成为居住空间分配的核心机制，社会空间分异逐步显现。

（4）住房体制市场化全面推进期（1999—2009 年）

1999—2009 年是住房体制市场化全面推进期。住房体制市场化推动了居住空间的快速发展，这一时期居住空间迅速增加至 300 个，增长速率达历史第二峰值，为 117.39%。该时期城市经济从工业转向工商业主导，服务业占比逐步加大。服务业成为居住空间扩张的主要因素。该阶段房地产企业成为居住空间的主要提供者，住宅形态多样化，别墅居住空间开始出现。该阶段人口机械流动成为居住空间增长的主要动力，不仅包括扬州市域农村人口，省内、省外人口也占据相当比例。

（5）住房体制市场化调整完善期（2010—2017 年）

2010—2017 年是住房体制市场化调整完善期。该阶段，居住空间增加至 416 个。随着城镇化进程减缓，增速较上一阶段也回落至 38.67%。随着工业、生产性服务业的深度融合，居住、工业、服务业在空间上呈邻接状态。该阶段城市空间扩大，内城区、外城区居住空间的通勤优势显现，城市更新速度加快；由于政府对保障性住房投入加大，外城区形成了保障性住房集中区，居住空间较上一时期更加均衡。该阶段，人口机械流动仍是城镇化主要动力，随着政府吸引高科技人才力度的加大，新落户人口的教育水平有所提高，成为居住空间消费的主力。

5.2.2　居住空间演化方向

研究区居住空间演化方向总体表现为：中华人民共和国成立前，居住空间扩张处于低水平均衡状态，无明显方向性。计划经济时期，在工业空间扩张的带动下，居住空间扩张表现为强烈的交通区位指向，城市居住空间转变为非均衡发展；福利住房与市场化双轨制时期，工业空间对居住空间演化发挥着举足轻重的作用，但随着城市对外联系日益密切，高速公路、港口等现代交通方式对居住空间演化方向的影响日益显著。住房体制市场化全面推进期，随着服务业的快速崛起，服务业空间指向对居住空间演化影响明显，与上海、苏南交通更为便捷的城市西区成为居住空间演化热点。住房体制市场化调整完善期，居住空间演化动力更加多元，再次出现了均衡的空间演化态势。

（1）中华人民共和国成立前（1556—1948 年）

中华人民共和国成立前，研究区居住空间均分布于内城区［图 5.17（a）；图 5.18，2B］，受"东市西府"总体格局的影响，古运河沿线的城市东南部和城市中心人口分布更为集中，如运河沿线的徐凝门、何园、新仓巷社区，城市中心的教场、古旗亭社区。这是由于运河沿线、城市中心商贸业较为发达，反映了服务业空间对居住空间的推动作用。但城市发展方向总体均衡，呈典型的同心圆形态。

（2）计划经济时期（1949—1978 年）

1949—1978 年是计划经济时期。该时期新增居住空间主要集中于外城区东南部宝塔湾一带［图 5.17（b）；图 5.18，2B］，宝塔湾成为城市新的增长极。居住空间扩张表现为 3 个特征：一是城市转向单向非均衡扩张，宝塔湾一带成为城市扩张热点，同心圆均衡被逐步打破。二是城市快速扩张至外城区，突破了明嘉靖三十五

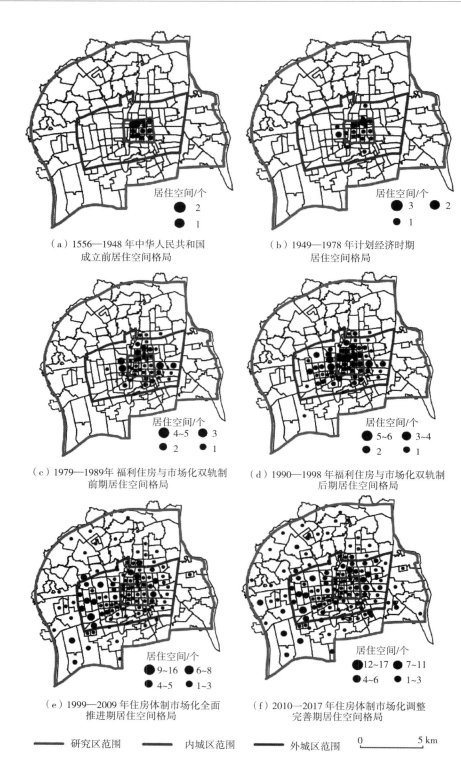

（a）1556—1948 年中华人民共和国
成立前居住空间格局

（b）1949—1978 年计划经济时期
居住空间格局

（c）1979—1989 年福利住房与市场化双轨制
前期居住空间格局

（d）1990—1998 年福利住房与市场化双轨制
后期居住空间格局

（e）1999—2009 年住房体制市场化全面
推进期居住空间格局

（f）2010—2017 年住房体制市场化调整
完善期居住空间格局

研究区范围　　　内城区范围　　　外城区范围

图 5.17　1949—2017 年居住空间格局演化

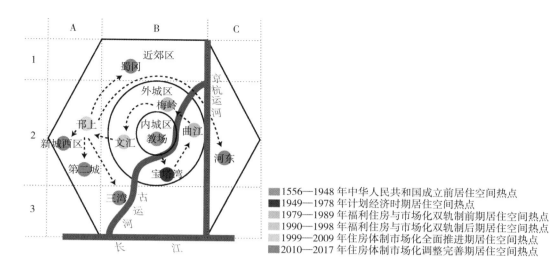

图 5.18　1949—2017 年居住空间热点演化示意图

注：彩图见书末。

年（1556 年）以来城市局限于内城区的空间格局。三是工业空间成为城市空间扩张的主力，居住空间居于次要地位。以宝塔湾扩张区为例，面积总计 2.22 km²，工业空间 1.13 km²，占总面积的 50.9%，居住空间 0.95 km²；占总面积的 42.8%；服务业空间 0.14 km²，占总面积的 6.3%。

（3）福利住房与市场化双轨制前期（1979—1989 年）

1979—1989 年是福利住房与市场化双轨制前期。该时期新增居住空间逐步向东北方向移动，扩张空间集中于城市东北古运河沿线的梅岭、曲江片区［图 5.17（c）；图 5.18，2B］。居住空间扩张方向特征为：一是居住空间扩张仍然表现为单向非均衡扩张，城市东北两侧成为城市居住空间扩张热点。二是居住空间扩张仍表现为临河特征，这是由于工业空间是居住空间扩张的主要动力，而运河是扬州工业企业对外联系的主要交通方式。三是新扩展城市空间中，居住空间逐步成为核心要素，曲江、梅岭成为独立空间，并与工业空间逐步分离。

（4）福利住房与市场化双轨制后期（1990—1998 年）

1990—1998 年是福利住房与市场化双轨制后期。该时期新增居住空间方向与上阶段相比变化剧烈，由东北方向急剧变化为西南方向，扩张空间集中于城市西南的文汇片区［图 5.17（d）；图 5.18，2B］。居住空间扩张特征表现为：一是居住空间仍表现为单向非均衡扩张，城市西南侧成为居住空间扩张热点，扩张空间仍然位于外城区。二是居住空间扩张临河特征逐步消失，这与高速公路在工业运输中的重要性提升，而运河的重要性下降有较大关联。三是新扩展城市空间中，居住空间逐步成为核心要素，该时期以文汇片区为代表的扩张热点是独立居住空间，并与工业空间平行发展。

（5）住房体制市场化全面推进期（1999—2009 年）

1999—2009 年是住房体制市场化全面推进期［图 5.17（e）；图 5.18，2A］。该时期居住空间与上阶段有一定的延续性，两者在空间上相互邻接，扩张空间集中于城市西部的邗上片区。居住空间扩张特征表现为：一是居住空间仍表现为单向非均衡扩张特征，城市西侧成为居住空间扩张特点，扩张空间首次延伸至近郊区。二是居住空间扩张临河特征完全消失。三是居住空间与服务业空间扩张方向总体一致。

（6）住房体制市场化调整完善期（2010—2017 年）

2010—2017 年是住房体制市场化调整完善期［图 5.17（f）］。该阶段居住空间扩张呈均衡发展格局，扩张空间包括城市西部新城西区、第二城片区（图 5.18，2A），西南三湾片区（图 5.18，3B），西北蜀冈片区（图 5.18，1B），东部河东片区（图 5.18，2C）。居住空间扩张特征表现为：一是居住空间扩张方向较为均衡，城市各个方向均出现了空间热点。二是城市扩张向近郊区发展，5 个热点片区均位于近郊区。三是居住空间扩张产城融合较为紧密，出现了轴线融合、中心融合、对称融合 3 种融合形态。

5.2.3 居住空间演化主导动力

居住空间演化主导动力转换与产业结构转型同步，两者存在紧密的时空对应关系，变化总体表现为：中华人民共和国成立前，服务业占据主导地位，居住空间、工业空间、服务业空间紧密融合；计划经济时期、福利住房与市场化双轨制时期，工业在国民经济结构中占据主导地位，居住空间与工业空间保持着紧密的"跟随"演化关系；住房体制市场化全面推进期，服务业成为城市主导产业，居住空间演化动力转变为服务业空间；住房体制市场化调整完善期，随着生产性服务业与工业的深度融合，居住空间演化主导动力日趋多元，出现了多产业共同主导的产城融合空间形态。

（1）服务业关联主导

中华人民共和国成立前（1556—1948 年），商贸业在扬州城市经济中占据重要地位，由此带动手工业发展。由于手工业品市场狭小，多依靠个体独立完成，因此所需生产空间有限，一般采取"前店后坊"形式。该时期，服务业、手工业、居住空间高度融合，既能实现产销结合，也能最大限度压缩居民的就业、消费通勤成本。

（2）工业关联主导

①计划经济时期（1949—1978 年），扬州对外交通方式以水运为主，铁路、公路建设相对滞后。围绕工业空间，建设了皮坊街、宝塔等配套居住空间。②福利住房与市场化双轨制前期（1979—1989 年），工业空间向城市东北方向扩张，为满足

五里庙工业空间发展需求,在五里庙工业空间两翼建设了梅岭、曲江 2 个居住空间。③福利住房与市场化双轨制后期(1990—1998 年),长江三角洲一体化发展趋势日益明显,为加快与上海、苏南对接,在城市西南设立扬州经济技术开发区,工业空间由城市东南、东北剧烈调整至城市西南,居住空间热点也随之调整至城市西部的文汇、双桥社区。

(3)服务业关联主导

住房体制市场化全面推进期(1999—2009 年),服务业占比迅速提升,2008 年,扬州服务业占比已达 35.3%,其中作为研究区主体的广陵区和邗江区服务业占比分别为 40.7%、35%,两区服务业从业人员占比达 44.1%、42%。经济结构的变化导致服务业对居住空间的主导性显著增强,该阶段服务业空间热点集中于文昌路轴线和邗江路轴线两侧,居住空间发展热点与服务业空间显著重合。

(4)多产业空间主导

住房体制市场化调整完善期(2010—2017 年),随着知识经济和信息时代来临,生产性服务业对工业经济发展起着至关重要的作用,工业也从机械、化工等资本密集型产业向电子、信息等技术密集型产业过渡[250]。生产服务业与工业融合程度加深,两者在空间上有明显的融合迹象,如出现了三湾—扬州经济技术开发区、第二城—扬州高新技术产业开发区等生产性服务业集聚区与工业园区深度融合的地域空间。与此同时,居住空间热点也逐步向上述地区扩张,形成了产城融合的空间态势。

5.2.4　居住空间与生产空间融合形态

居住空间与生产空间融合形态变化表现为:中华人民共和国成立前,居住空间与服务业、手工业空间高度融合,“前店后坊”成为三者融合的典型形态;计划经济时期、福利住房与市场化双轨制时期,居住空间与工业空间融合较为紧密,单位社区快速发展;住房体制市场化全面推进期,居住空间与工业空间日渐疏离,与服务业空间紧密融合;住房体制市场化调整完善期,工业企业中,高科技企业占比增大,工业空间负外部性下降,居住空间与工业空间、生产性服务业空间等多产业空间融合趋势明显。

(1)居住、服务业、手工业空间融合期

中华人民共和国成立前(1556—1948 年),研究区居住空间与服务业、手工业空间高度融合。服务业分布于主要街道两侧,以生活性服务业为主,手工业空间位于服务业空间向街内侧,以香粉业、鞋帽业、副食品业最为典型;居住空间分布于主要街道两侧的支巷[251]。

(2)居住、工业空间融合期

①计划经济时期(1949—1978 年),居住与工业空间融合更为紧密,与服务业

空间相对疏离。工业空间以沿河、沿路为主，而居住空间则以"插花地"形式分布于工业空间内部，由此表现为随机融合特征[252]。服务业空间与居住、工业空间逐步分离，集中分布于城市中心。②福利住房与市场化双轨制时期（1979—1998年），居住空间与工业空间开始分离，由随机融合转变为相邻融合、分离融合，但两者在空间功能上，仍表现为紧密的通勤关联关系。

（3）居住、服务业空间融合期

住房体制市场化全面推进期（1999—2009年），服务业向交通更加便利的文昌路—邗江路一线转移。随着生产性服务业的逐渐崛起，就业容量显著增大，对居住空间关联作用显著增强。由于服务业负外部性相对较小，两者融合相对较深，表现为服务业空间位于主干道两侧，居住空间位于主干道两侧的内侧空间。该阶段，居住空间对环境、公共服务配套要求提升，而工业空间负外部性较高，导致居住、工业空间疏离趋势明显。

（4）居住—多产业融合期

住房体制市场化调整完善期（2010—2017年），居住空间与服务业、工业空间逐步融合，由此形成产城融合新模式。在具体空间布局上可分为轴线型产城融合、中心型产城融合、对称型产城融合3种类型，其中居住空间与生活性服务业空间相容性较高，生产性服务业空间其次，工业空间最低，由此表现为不同的疏密关系。

5.3 本章小结

本章对明嘉靖三十五年（1556年）至2017年间扬州市居住空间演化过程进行系统梳理，包括历史背景、居住空间格局、典型居住空间3个方面，在此基础上，对居住空间时空演化特征进行了总结。主要结论包括：

①居住空间经历了中华人民共和国成立前（1556—1948年）、计划经济时期（1949—1978年）、福利住房与市场化双轨制时期（1979—1998年）、住房体制市场化全面推进期（1999—2009年）、住房体制市场化调整完善期（2010—2017年）5个时期的演化过程，各时期经济、社会背景对居住空间的格局、形态产生了显著影响。

②居住空间数量变化。中华人民共和国成立前、计划经济时期居住空间数量增长较慢；改革开放后的福利住房与市场化双轨制时期居住空间数量迅速增长，至住房体制市场化全面推进期达到峰值；住房体制市场化调整完善期，随着城市人口流入增幅趋缓，老龄化程度加深，居住空间数量也出现了增幅趋缓的态势。

③居住空间演化方向。中华人民共和国成立前，居住空间扩张处于低水平均衡状态，无明显方向性；计划经济时期，在工业空间扩张的带动下，居住空间扩张表现为强烈的交通区位指向，城市居住空间转变为非均衡发展；福利住房与市场化双轨制时期，工业空间对居住空间演化发挥着举足轻重的作用，但高速公路、港口等

现代交通方式使居住空间演化方向发生了明显变化；住房体制市场化调整完善期，随着服务业的快速崛起，服务业空间指向对居住空间演化影响明显，与上海、苏南交通更为便捷的城市西区成为居住空间演化热点；住房体制市场化调整完善期，居住空间演化动力多元化，演化方向趋向均衡。

④居住空间演化主导动力。居住空间演化主导动力转换与产业结构转型同步两者存在紧密的时空对应关系。中华人民共和国成立前，服务业是居住空间演化的主导动力；计划经济时期、福利住房与市场化双轨制时期，工业在国民经济结构中占据主导地位，居住空间与工业空间保持着紧密的"跟随"演化关系；住房体制市场化全面推进期，服务业成为城市主导产业，居住空间演化动力转变为服务业空间；住房体制市场化调整完善期，随着生产性服务业与工业深度融合，居住空间演化主导动力日趋多元，出现了多产业共同主导的产城融合空间形态。

⑤居住空间与生产空间融合形态。中华人民共和国成立前，居住空间与服务业、手工业空间高度融合，"前店后坊"成为三者融合的典型形态；计划经济时期、福利住房与市场化双轨制时期，居住空间与工业空间融合较为紧密，单位社区快速发展；住房体制市场化全面推进期，居住空间与工业空间日渐疏离，与服务业空间紧密融合；住房体制市场化调整完善期，工业企业中，高科技企业占比增大，工业空间负外部性下降，居住空间与工业空间、生产性服务业空间等产业空间融合趋势明显。

第6章 扬州市居住空间与工业空间关联格局

三产起步、二产带动、三产回归是扬州经济发展的重要特征。中华人民共和国成立之后的快速工业化在扬州居住空间演化过程中留下了深刻的印记。改革开放后的国企改革及其随之而生的"退二进三"、高科技企业的快速发展均对居住空间演化产生了重要影响。工业空间占地规模较大、空间边界较为清晰,因此两者主要表现为空间扩张方向、空间形态关联。本章首先对百年间扬州工业空间格局演化进行分析,在此基础上结合居住空间演化过程,逐次揭示居住空间与工业空间在空间扩张方向、空间形态的关联关系。

6.1 工业空间格局

6.1.1 1949年前工业空间格局

清代早期,扬州是全国盐运集散地和水运交通枢纽,繁荣的城市商业促进了手工业发展,成为全国重要的漆器、玉器生产中心,纺织品、食品、化妆品手工业也较为发达。清中叶后,海运、铁路等新型交通方式崛起,扬州失去交通枢纽地位,加之盐务制度改革,城市商业日益萎缩,手工业也随之萧条。至1949年,研究区共有现代工业企业3家,一是装机容量3 200千瓦的振扬电厂,二是年产面粉不足6 000吨的扬州麦粉厂,三是季节性生产的汉兴祥蛋厂,其余均为传统手工业作坊。至1949年,扬州全境(含今泰州市)工业产值仅10 017万元(其中研究区913万元),占工农业总产值的12.4%。

空间格局表现为[图6.1(a)]:①现代工业企业均依赖运河运输。扬州麦粉厂在城北便益门外,汉兴祥蛋厂在城东洼子街,振扬电厂在城南龙头关,均位于古运河沿线,这与近代扬州缺乏铁路、公路等现代交通方式,且原料、销售两地在外的工业生产格局相关。②传统手工业作坊主要位于城内繁华商业街。一般采取"前店后坊"模式。与现代工业企业相比,传统手工业作坊规模较小。

6.1.2　1949—1957 年工业空间格局

1949 年后，作为苏北行署所在地，扬州一度成为苏北地区政治、经济和文化中心，工业得到快速发展。工业企业主要有 3 种类型：一是对资本主义工商业改造而来的国有企业；二是个体手工业"合作化"而来的集体所有制企业；三是以迁建、新建、改组、合并和军事接管等方式建立的国有企业。

空间格局表现为［图 6.1 (b)］：①集体经济企业集中于工艺美术、轻工业、食品工业，行业规模较小，主要分布于内城区；一些规模较大且具备独立工业形态的工艺品业，合作化之后规模扩大，逐步向外城迁移，如玉器合作社、漆器合作社从内城区迁至外城区。②国有企业主要集中于重工业，可分为迁建和新建两种类型：一是迁建企业。如由泰州迁建的利民铁工厂、《苏北日报》印刷厂，由东台迁建的苏北大华棉织厂。二是新建企业。为适应农业发展需要，新建农产品加工企业，如苏北机米厂、苏北植物油厂。上述企业均集中于机械、化学等行业，规模远大于集体企业，由于交通条件要求相对较高，一般分布于古运河沿线。扬州城南宝塔湾位于古运河、宁扬公路（南京方向）、扬圩公路（苏南方向）交汇地带，交通便利，是扬州最早的工业区。

6.1.3　1958—1965 年工业空间格局

该阶段，在"大跃进"时代背景下，扬州掀起了大办工业的热潮。研究区共计新办工厂 700 多家，其中全民企业共有 333 家，职工 4.31 万人。产品类型较上一阶段明显丰富，出现了冶金、化工、电子、医药、建材等新工业部门，新建了扬州冶金建筑机械制造厂、扬州汽车修配厂、扬州机床厂、红旗化肥厂等大中型企业。这一时期，研究区重工业增长迅速，增长率达 232%，其中 1960 年冶金工业固定资产已达 1 017 万元，仅次于食品工业，跃居行业第二位。

空间格局表现为［图 6.1 (c)］：①内城区手工业空间开始萎缩，表现为外迁企业数量增加。②"大跃进"时期工业的快速发展，导致宝塔湾工业区逐步饱和，工业空间开始沿古运河向东北方向扩展，外城区的五里庙工业区逐步发展。

6.1.4　1966—1978 年工业空间格局

该阶段主要为"文革"时期。"文革"初期工业生产急剧下降，1968 年工业总产值比 1966 年下降 4.23%。"文革"后期工业生产缓慢增长，1969—1971 年工业总产值每年增长 2%～3%。该阶段共新建大中型企业 20 家，主要新建于"文革"中后期的 1969—1976 年。

空间格局表现为［图 6.1（d）］：①内城区工业空间快速萎缩。内城区多为以集体经济为主的传统手工业，与全民所有制企业相比，"文革"期间停产停业现象更为严重。②宝塔湾工业区持续发展，新建了石油化工等基础工业；五里庙工业区初步形成以电子为代表的产业集群。

6.1.5　1979—1998 年工业空间格局

该阶段是扬州工业的快速发展时期，研究区工业企业有 108 家，规模较上阶段有较大幅度增长。该时期工业企业有 3 个特点：①所有制结构从全民所有制转向多种所有制经济共同发展，出现如乡镇企业、外资企业等多种所有制形式。②国有企业重组改制。在社会主义市场经济发展过程中，一些效益低、抗风险能力弱的国有企业逐步关停并转，国有企业在经济总量中占比下降。③产业结构日趋多元，轻工业快速崛起。该阶段，产业结构从重工业优先发展转向轻重工业并重，随着人民生活水平的逐步提高，以玉器、酱菜为代表的特色轻工业门类逐步兴起。

空间格局表现为［图 6.1（e）］：①工业企业分布范围从内城区、外城区扩展至近郊区，新建工业园区形成较为明显的产业集聚，典型如扬州经济技术开发区、维扬经济开发区等。②部分国有企业受环保、规模限制选择外迁，如扬州服装厂从东圈门迁至瘦西湖路；效益较差的国有企业开始破产重组，工业空间开始向居住空间转换，如城北梅岭街道的扬州测绘仪器厂。③乡镇企业成为城郊工业化的重要动力，如维扬经济开发区长毛绒玩具企业发端于原乡镇手工业。④外资企业逐步崛起，外向型经济开始发展。以扬州保来得科技实业有限公司为代表的一批外资企业开始落户扬州经济技术开发区。

6.1.6　1999—2017 年工业空间格局

该阶段以产业园区为中心的工业空间建设加快推进。随着宁启铁路、润扬大桥、京沪高速公路等一批交通基础设施建设完成，研究区外部交通条件极大改善，为对外开放、招商引资打造了新的平台。该阶段，研究区工业经济高速发展，131 家规模以上企业中，新建于本期的有 84 家，约占企业总数的 64%。

空间格局表现为［图 6.1（f）］：①内城区、外城区"退二进三"进程加速。内城区仅遗留工业企业 3 家；"大跃进"时期形成的宝塔湾、五里庙等工业区国有企业"退城进园"，工业空间开始转变为居住空间。②产业园区成为工业经济的主要载体，初步形成了扬州经济技术开发区、扬州高新技术产业开发区、维扬经济开发区、广陵产业园等产业园区，其中扬州经济技术开发区、扬州高新技术产业开发区以外资企业、中央省属企业为主，规模较大，维扬经济开发区、广陵产业园多为地方国有、乡镇改制企业，规模较小。③重污染企业逐步外迁，工业服务业逐步兴起。"大跃进"时期建成的宝塔湾工业区核心企业逐步外迁。随着工业企业转型升级，以互联网为代表的现代服务业逐步兴起，如清华大学扬州科技园、扬州大学科技园、中国科学院扬州应用技术研发与产业化中心。生产性服务业与工业企业的紧密结合，推动了工业企业的转型升级。

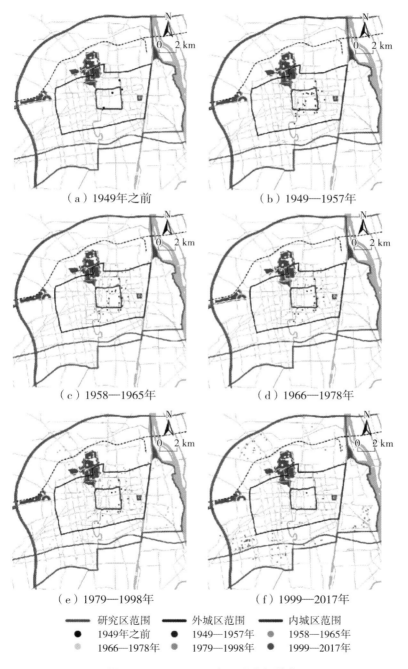

（a）1949年之前　　　　　　　　　（b）1949—1957年

（c）1958—1965年　　　　　　　　（d）1966—1978年

（e）1979—1998年　　　　　　　　（f）1999—2017年

—— 研究区范围	—— 外城区范围	—— 内城区范围
● 1949年之前	● 1949—1957年	● 1958—1965年
● 1966—1978年	● 1979—1998年	● 1999—2017年

图 6.1　1949—2017 年工业空间演化

6.1.7　研究区工业空间格局变迁特点

首先，改革开放前工业空间格局变动较小，改革开放后工业空间变动加剧（表6.1）。1949年至改革开放前，研究区国有大中型工业企业有13家发生空间变动，年均变动值0.7家，空间变动较小。改革开放后，企业空间变动急剧增加，1979—1998年间共有14家企业发生空间变动，年均0.67家，1999—2017年间增加至22家，年均变动值增加至1.2家。

表6.1　1949—2017年工业企业空间数量变动

时间	工业空间变动		时间	工业空间变动	
	企业数量/家	年均数量/家		企业数量/家	年均数量/家
1949—1957	2	0.22	1979—1998	14	0.67
1958—1965	5	0.63	1999—2017	22	1.2
1966—1978	6	0.46	—	—	—

其次，改革开放前工业空间变动以生产动因为主，改革开放后以土地开发动因为主。改革开放前，土地不具备经济属性，工业空间变动多出于扩大生产规模、减少环境污染、降低物流成本等动因。改革开放后，土地资产属性日益明显，工业空间相较于服务业空间、居住空间拆迁成本低、社会矛盾少，土地再开发成为工业空间变动的主要动因，内城区、外城区工业用地大量转换为服务业、居住空间，这一趋势在1998年住房制度改革后特别明显。

再次，改革开放前工业空间移动方向以内城区向运河沿线迁移为主，改革开放后以运河沿线向工业园区迁移为主。1949年后，研究区产业类型从轻工业转向重工业，交通运输条件要求提高，工业空间从内城区转向运输条件更为便利的运河沿线，如宝塔湾、五里庙工业区。改革开放后，随着产业结构从重工业转向轻重工业协同发展，产品趋向"轻薄短小"，对物流时间要求提高，传统水运已不能适应这一趋势，更为快捷、灵活的公路运输受到青睐，工业布局趋向在高速公路出入口附近新设立的产业园区，如：扬州经济技术开发区，临近沪陕高速扬州南出入口；扬州高新技术产业开发区，临近沪陕高速蒋王出入口；维扬经济开发区，临近启扬高速扬州北出入口；广陵产业园，临近沪陕高速广陵出入口。

最后，产业园区内工业企业集聚特色明显。①扬州经济技术开发区为国家级经济技术开发区，园区企业以外资企业、中央省属企业为主。②扬州高新技术产业开发区以辖区乡镇企业为主，如华扬新能源集团、牧羊集团等。③维扬经济开发区与辖区特色经济紧密关联。区内毛绒玩具企业众多，2000年左右不少手工作坊转型为现代工业企业，玩具企业成为入驻园区主力企业。④广陵产业园情况较为特殊，邗江区撤县设区之前，广陵区位于主城区，乡镇企业极少。撤县设区后，头桥、李典等乡镇划归广陵区，由此广陵产业园成为头桥、李典乡镇企业迁移的主要目标（图 6.2）。

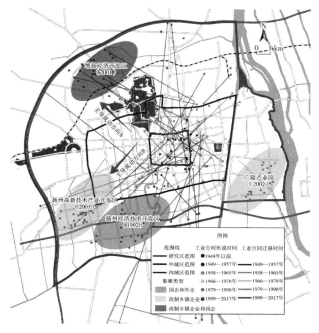

图 6.2　1949—2017 年工业企业迁移

注：彩图见书末。

6.2　居住—工业空间扩张方向关联

6.2.1　居住—工业空间扩张方向关联测度方法

采用中心距离法以居住、工业空间中心指标测算居住、工业扩张方向关联度：①测算同一阶段居住、工业空间中心距离，如两者距离相近，说明居住—工业空间关联更加紧密。②测算不同阶段居住、工业空间中心移动方向的差异，如移动方向一致且移动距离相近，说明两者空间关联更加紧密。中心坐标计算公式如下：

$$\bar{X}_t = \frac{\sum\limits_{i=1}^{n} x_{t\,i}}{n}, \bar{Y}_t = \frac{\sum\limits_{i=1}^{n} y_{t\,i}}{n} \tag{6-1}$$

其中，x_i，y_i 为要素 i 的坐标，n 为要素总数，t 为时间段。则 t 时间段工业空间中心为 $I_t(\bar{X}_{It}, \bar{Y}_{It})$，居住空间为 $R_t(\bar{X}_{Rt}, \bar{Y}_{Rt})$，$D_t$ 为同一时间段居住—工业空间中心距离，D_I 为不同时间段工业空间中心移动距离，D_R 为不同时间段居住空间中心移动距离。本章共计算 8 个时间段中心信息，分别为 1940—1949 年、1950—1959 年、1960—1969 年、1970—1979 年、1980—1989 年、1990—1999 年、2000—2009 年、2010—2017 年（图 6.3、图 6.4）。

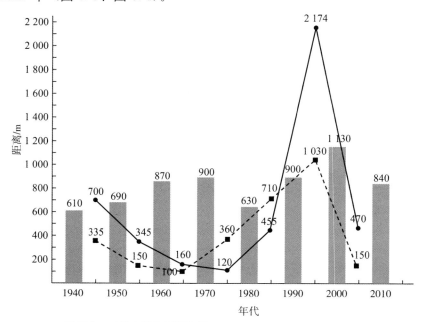

图 6.3　1949—2017 年居住—工业空间中心移动

6.2.2　1949 年之前空间扩张方向关联

1949 年之前的工业空间表现为城市手工业和近代工业两种形态。其中手工业作为服务业附属（前店后坊）形式与服务业空间紧密融合；近代工业由于原料市场两头在外，一般选址在交通便利的码头附近。该阶段，工业空间与居住空间扩张方向保持着强关联关系。

6.2.3　1949—1978 年空间扩张方向关联

1949—1978 年是计划经济主导时期，这一时期居住—工业空间中心移动相对缓慢，方向总体一致，分为两个阶段。

（1）1949—1959 年

该阶段工业、居住空间均以西南方移动为主，这与内城区西南宝塔湾工业区建

图 6.4　1949—2017 年居住—工业空间中心方向关联

注：彩图见书末。

设密切相关。在该阶段，工业空间向西南方向移动 700 m，居住空间也随之向东南方向移动。

（2）1960—1978 年

该阶段工业空间、居住空间均向东北方向移动。"大跃进"时期工业空间移动最为迅速，向东北方向移动 345 m，居住空间也随之移动 150 m。这是由于宝塔湾工业区逐步饱和，工业空间开始沿运河向东北五里庙工业区方向发展。"文化大革命"时期，国民经济增长速度放缓，工业空间 10 年移动距离仅为 160 m，居住空间也随之向东北方向缓慢移动，移动距离为 100 m。

6.2.4　1979—1998 年空间扩张方向关联

1979—1998 年是社会主义市场经济初步建立时期，该时期居住—工业空间移动方向总体一致，但居住空间扩张速度明显快于工业空间。

（1）1979—1989 年

工业空间扩张仍以东北方向为主，但 10 年间仅移动 120 m，这是由于该阶段研究区处于国民经济恢复时期，工业以原有企业"充实、提高"为主，新建企业相对较少。居住空间较工业空间向东北方向移动速度较快，10 年间移动距离达 360 m，这是由于该阶段居住空间由企业分散建设转为由政府统一建设，在外城区东、北两个方向集中建设了沙口、梅岭两个居住片区。

（2）1990—1998 年

为更好地接轨上海、苏南地区，城市开始向西、向南发展。该时期居住空间扩张速度明显快于工业空间，居住空间中心在 20 世纪 90 年代西南移 710 m，工业空间中心仅向西南方移动 455 m，这是由于 20 世纪 90 年代中后期，受国家经济形势影响，国有企业发展相对缓慢，城市西南部扬州经济技术开发区入驻企业相对较少，与此同时，居住空间建设速度加快，政府在城市西部、西南分别新建了翠岗、新城花园等大型安置小区。

6.2.5　1999—2017 年空间扩张方向关联

1999 年后，由于住房制度改革、邗江撤县设区等因素，加之外部交通条件改善，扬州城市化进程明显加快。该时期居住—工业空间移动方向总体一致，但工业空间扩张速度明显快于居住空间。

（1）1999—2009 年

该时期工业、居住空间向西南方向快速扩张，工业空间中心向西南方向移动 2 174 m，这是由于城市西南扬州经济技术开发区快速发展，外资企业在开发区集聚，形成太阳能光伏、半导体照明、智能电网等产业集群；扬州高新技术产业开发区也集聚了大量乡镇改制企业、区属企业。与此同时，居住空间也向城市西南快速扩张，但幅度还不到工业空间的一半，为 1 030 m。这是由于该阶段居住与工业空间显著分离，居住空间以西向为主、南向为辅，由此导致居住空间往西南方向移动速度显著慢于工业空间。

（2）2010—2017 年

2010 年以后，工业、居住空间向西南方向缓慢扩张，其中工业空间中心向西南方向移动 470 m，居住空间向西南移动 150 m。①工业、居住空间扩张变缓原因在于城市空间扩张由单一西南向转为多向，特别是在近郊区东部建设广陵新城、江苏信息产业服务基地等，导致中心向西南方向移动变缓；②居住空间移动仍慢于工业空间，这是由于与工业空间相比，居住空间的关联扩张受服务业空间制约更为明显，而服务业空间扩张受人口因素制约较大，由此导致居住空间扩张更为缓慢。

6.2.6　居住—工业空间关联方向分析

（1）同一阶段居住—工业空间中心距离分析

两者中心距离呈稳定—扩大—稳定的总体特征。①改革开放前，居住—工业空间中心距离较为稳定，1940 年代居住—工业空间中心距离为 610 m，1950 年代扩大到 690 m，至 1970 年代达 900 m；②改革开放后居住—工业空间中心距离趋向扩大，1980 年两者距离为 630 m，至 2000 年急速扩张至 1949 年以来的高峰值 1130 m；③2010 年代居住—工业空间中心距离趋向稳定，两者距离又缩短为 840 m。

（2）不同阶段居住—工业空间中心移动速度分析

改革开放前工业空间移动速度大于居住空间，改革开放初期工业空间小于居住空间，之后两者中心移动速度趋于收敛。移动方向经历了西南—东北—西南的反复过程。①改革开放前，不同时间段工业空间中心移动均大于居住空间，其中工业空间中心移动分别为 700 m、345 m、160 m，而同期居住空间移动分别为 335 m、150 m、100 m。②改革开放后，1980—1990 年代，居住空间移动幅度为 710 m，而同期工业空间移动幅度仅 455 m；1990—2000 年代，工业空间急剧转向西南方向，移动幅度达 2 174 m，同期居住空间移动幅度也达 1 030 m；2000—2010 年代，工业空间、居住空间移动幅度有所收敛，分别为 470 m、150 m，移动方向仍为西南。

（3）居住—工业空间关联方向规律

居住—工业空间关联方向有两个特点：①移动方向一致性。在 1940—2010 年代之间，两者移动方向一致，均为西南、东北、东北、东北、西南、西南、西南。②移动距离一致性。采用 Pearson 计算移动距离相关性，两者移动距离相关性达

0.810，为显著相关（表 6.2）。

表 6.2　居住—工业空间中心移动相关分析

相关性指标		工业空间中心	居住空间中心
工业空间中心	Pearson 相关性	1	0.810*
	显著性（双侧）	—	0.027
	N	7	7
居住空间中心	Pearson 相关性	0.810*	1
	显著性（双侧）	0.027	—
	N	7	7

注：* 表示在 0.05 水平（双侧）上显著相关。

从工业、居住空间扩张过程可见以下几个规律：①工业空间扩张对居住空间扩张有较大影响，特别在城市发展早期，两者相关性更高，这是由于城市早期产业以工业为主，随着服务业占比的逐步提高，居住空间与工业空间扩张方向逐步分离，两者相关性有所减弱。②工业空间扩张速度快于居住空间，这是由于"用地"是工业扩张的核心问题，除对外交通条件要求较高，工业空间受限相对较少，而居住空间是系统扩张，空间扩张受到环境条件、公共服务配套等多重因素影响，有一定滞后性。③国有企业改制对居住空间扩张的影响。改革开放以来，大量国有企业被兼并、破产、重组，城市东部的宝塔湾等工业空间"空心化"，一定程度加速了城市中心的西移。

6.3　空间形态关联

6.3.1　空间形态关联强度测度方法

1）基本原理

克里斯塔勒在阐释中心地理论时采用正六边形蜂巢网格作为中心地的分布结构。正六边形蜂巢网格优点在于：蜂巢网格能无间隙且不重叠覆盖假想平面，是边数最多的镶嵌图形；相邻的蜂巢网格中心距离一致，而正四边形渔网网格（Fishnet）则不具备这一特点，导致关联强度测量误差大于蜂巢网格。

上述机理可由图 6.5 解释。K 为蜂巢网格工业空间中心，图斑 A、B、C 为居住空间。分别以 400 m、800 m 建立蜂巢网格，$A-K$ 的距离 <400 m，$B-K$ 的距离在 $400\sim800$ m 之间，$K-C$ 的距离 >800 m，说明 $A-K$ 空间关联更加紧密，表现为：①居住空间 A 居民为企业 K 职工概率大于居住空间 B；②企业 K 对居住空间 A 的环境影响大于居住空间 B。蜂巢网格优于渔网网格表现为 $A-K$ 的距离 $<$

400 m，但不在以 K 为中心的 400 m 渔网网格内，因此采用渔网网格进行空间统计，则会出现误差。

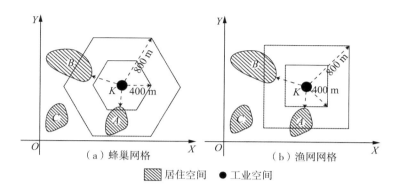

图 6.5 蜂巢网格法基本原理

基于上述原理，进行如下技术设计：①在研究区布设正六边形蜂巢网格，居住空间和工业空间在同一蜂巢网格的概率越大，空间关联越紧密。②在研究区布设不同半径的正六边形蜂巢网格，以说明不同尺度下的空间关联强度，当小尺度关联度（半径 400 m）小，而中尺度关联度（800 m）大时，说明工业空间对居住空间既有吸引力，又存在排斥力，如吸引力表现为通勤关联，排斥力表现为工业空间的环境负外部性。

2）蜂巢网格半径确定

分别采用 400 m、800 m 半径，这是由于在不同距离区间人类通勤感觉阈值所决定的。400 m 是人类步行距离的感觉阈值，其含义在于 0～400 m 区间，步行通勤不会有感觉差异。400～800 m 与 0～400 m 距离区间相比，人类步行会产生明显感觉差异，因此改用自行车、电动车交通工具[253]。

3）关联强度测度指标

（1）蜂巢居住空间包含率

通过布设蜂巢网格，得到研究区所建立的工业空间蜂巢个数、包含居住空间的工业空间蜂巢个数，进而计算蜂巢居住空间包含率：

$$R_b = \frac{N_{br}}{N_{bi}} \tag{6-1}$$

式中，R_b 表示蜂巢居住空间包含率，N_{bi} 表示工业空间蜂巢个数，N_{br} 表示包含居住空间的工业空间蜂巢个数。蜂巢居住空间包含率的指标意义在于，蜂巢居住空间包含率越高，居住空间与工业空间融合的程度越高。如图 6.6（a）所示，K_1 蜂巢包含 3 个居住空间，K_2 蜂巢包含 2 个居住空间，K_3 蜂巢包含 1 个居住空间，K_4 蜂巢包含 0 个居住空间。则蜂巢 K_1 工业空间与居住空间的关联强度排名为 $K_1 > K_2 > K_3 > K_4$。

（2）单蜂巢工业居住空间比率

通过布设蜂巢网格，得到单蜂巢网格中居住空间数量、工业空间数量，进而计算单蜂巢工业居住空间比率。

$$R_{\mathrm{bri}} = \frac{N_{\mathrm{r}} + N_{\mathrm{i}}}{N_{\mathrm{br}}} \tag{6-2}$$

式中，R_{bri} 表示单蜂巢工业居住空间比率，N_{r} 表示蜂巢网格中居住空间数量，N_{i} 表示蜂巢网格中工业空间数量。单蜂巢工业居住空间比率的指标意义在于：单蜂巢工业居住空间比率越高，说明蜂巢内部工业空间和居住空间越杂乱，空间布置随机性越高；指标值越低，说明蜂巢内部越齐整，规划因素越突出。如图 6.6（b）所示，K_1 蜂巢中有居住空间 3 个、工业空间 2 个，合计 5 个；K_2 蜂巢中有居住空间 2 个、工业空间 1 个，合计 3 个；K_3 蜂巢中有居住空间 1 个、工业空间 1 个，合计 2 个；K_4 蜂巢中有居住空间 0 个、工业空间 1 个，合计 1 个。可明显看出 K_1 蜂巢的用地杂乱程度排名为 $K_1 > K_2 > K_3 > K_4$。

（3）单蜂巢工业空间比率

通过布设蜂巢网格，进而计算单蜂巢网格中工业空间数量。

$$R_{\mathrm{bi}} = \frac{N_{\mathrm{i}}}{N_{\mathrm{bi}}} \tag{6-3}$$

式中，R_{bi} 表示单蜂巢工业空间比率。N_{i} 和 $N_{\mathrm{b}}i$ 的含义同公式（6-1）和公式（6-2）。单蜂巢工业空间比率的指标意义在于：单蜂巢网格中工业空间数量越多，工业企业规模越小；反之则越大。该指标可反映工业企业用地集聚程度。如图 6.6（c）所示，K_1 蜂巢中有工业空间 4 个；K_2 蜂巢中有工业空间 3 个；K_3 蜂巢中有工业空间 2 个；K_4 蜂巢中有工业空间 1 个。可见 K_1 蜂巢中工业企业规模相对较小，集聚程度高；K_2、K_3、K_4 蜂巢工业企业规模相对较大，集聚程度较低。

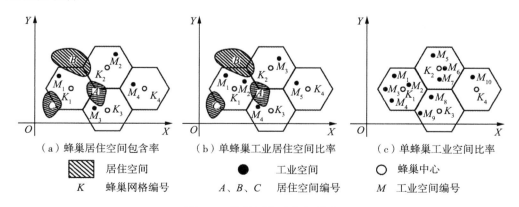

（a）蜂巢居住空间包含率　　（b）单蜂巢工业居住空间比率　　（c）单蜂巢工业空间比率

居住空间　　　● 工业空间　　　○ 蜂巢中心

K 蜂巢网格编号　　　A、B、C 居住空间编号　　　M 工业空间编号

图 6.6　蜂巢网格法指标说明

1940—2017 年居住—工业空间蜂巢网络指标如表 6.3 所示。

表 6.3　1940—2017 年居住—工业空间蜂巢网格指标

年代	工业空间数 (N_i)/个	400 m 半径蜂巢						800 m 半径蜂巢					
		工业空间蜂巢个数 (N_{bi})/个	含居住空间的蜂巢个数 (N_{br})/个	居住空间包含蜂巢率 (R_b)/%	工业居住空间和 (N_i+N_r)/个	单蜂巢工业居住空间比率 (R_{bri})	单蜂巢工业空间比率 (R_{bi})	工业空间蜂巢个数 (N_{bi})/个	含居住空间蜂巢个数 (N_{br})/个	居住空间蜂巢包含率 (R_b)/%	工业居住空间和 (N_i+N_r)/个	单蜂巢工业居住空间比率 (R_{bri})	单蜂巢工业空间比率 (R_{bi})
1940	4	4	4	100	10	2.50	1.00	4	4	100	15	3.75	1.00
1950	28	43	27	63	83	3.07	0.65	28	24	86	112	4.67	1.00
1960	70	60	29	48	83	2.86	1.17	36	25	69	122	4.88	1.94
1970	78	65	31	48	88	2.84	1.20	39	26	67	128	4.92	2.00
1980	82	71	36	51	99	2.75	1.15	4	34	81	145	4.26	1.95
1990	108	94	41	44	105	2.56	1.12	66	47	71	208	4.43	1.64
2000	141	120	35	29	89	2.54	1.18	87	39	45	172	4.41	1.62
2010	131	106	30	28	95	3.17	1.24	73	41	56	197	4.80	1.79

6.3.2 空间形态关联测度

居住—工业空间关联可从空间关联强度和空间关联形态两个方面阐释。空间关联强度主要测度两者的宏观空间接近性。空间关联形态是居住、工业空间在特定地域的空间组合方式，是空间关联强度的外在表现。

1）混融同心圆形态

中华人民共和国成立前（1556—1948年），两者空间关联可总结为混融同心圆形态，空间关联强度较强。

（1）空间关联强度

该阶段工业空间既包括内城区传统手工业空间，也包括内城区边缘的现代工业空间，两者与居住空间均保持着强关联关系［图6.7（a）；图6.8，①］。就现代工业空间而言：①工业空间蜂巢个数为4个，居住空间蜂巢也为4个，400 m和800 m半径蜂巢居住空间包含率均为100%，表明现代工业空间400 m和800 m半径内均分布有居住空间，两者较为接近。②400 m单蜂巢工业居住空间比率为2.5，表明1949年之前居住空间和工业空间保持着1∶2的比例关系，融合形式较为简单，空间较为齐整。③400 m单蜂巢工业空间比率为1，说明单蜂巢内只有1个工业空间，企业集聚程度较低，工业空间布局较分散。

（2）空间关联形态

空间关联形态表现为混融空间［图6.9（a）］。居住空间和工业空间以商业街为中轴，向两侧依次排开。服务业空间紧邻商业街两侧，工业空间采取"前店后坊"形式，依附于服务业空间。这种空间模式将生产和销售统一起来，能有效压缩流通成本；同时城市通勤以步行为主，居住空间紧邻工业、服务业空间能够最大限度减少通勤、消费的时空成本。

2）单向居住—工业随机融合扩张

计划经济时期（1949—1978年），两者空间关联可总结为单向居住—工业随机融合扩张，空间关联度较强，表现为随机融合形态。

（1）空间关联强度

居住空间和工业空间南向扩张，关联较高［图6.7（b）；图6.8，②］。1949年之后作为地区行政中心，扬州经历了快速工业化过程，工业空间成为城市发展的主导空间，居住空间跟随趋势明显，表现为工业空间周边单位社区的扩张，两者之间形成紧密的协同关系。①该阶段蜂巢居住空间包含率总体下降，但400 m和800 m尺度下降幅度有所差异，400 m蜂巢居住空间包含率为62.8%，较上一阶段下降较快，这是由于轻工企业资金实力较为薄弱，较少建设单位社区，从整体上拉低了平均值；800 m蜂巢居住空间包含率保持着85.7%的较高水平，原因在于该阶段新建工业空间一般沿内城区边缘发展，两者在大尺度保持了紧密的通勤关系。②400 m单蜂巢工业居住空间比率提升至3.07，说明蜂巢内居住、工业空间结构复杂，破碎化现象明显。这是由于该阶段居住空间以企业为建设主体，缺乏统一规划。③400 m 单蜂巢工业空间比率下降至 0.65，原因在于新设立企业以机械、化学等基础重工业为主，占地规模较大，导致单蜂巢企业数量较少。

（2）空间关联形态

空间关联形态表现为居住—工业空间的随机融合 ［图 6.9（b）］。居住空间在域内呈不规则分布，一般以工业企业为核心，居住空间分布其周边。这是由于该时期居住空间多为单位社区，企业出于征地便利和职工通勤方便的考虑，更多选择企业的周边。多企业进行选址，导致了总体格局的随机性。

3）单向居住—工业相邻融合扩张

福利住房与市场化双轨制前期（1979—1989 年），两者空间关联可总结为单向居住—工业相邻融合扩张，关联强度有所下降，表现为相邻融合形态。

（1）空间关联强度

随着宝塔湾工业区的逐步饱和，工业空间扩张转向外城区东北五里庙工业区，居住空间热点随之转向东部曲江和梅岭片区 ［图 6.7（c）；图 6.8，③］。①蜂巢 400 m 居住空间包含率下降至 50.7%，800 m 居住空间包含率下降至 80.9%，与上阶段相比分别下降 12.1% 和 4.8%，两者差异明显。400 m 居住空间包含率下降较快说明两者在微观上出现了显著分化趋势，而 800 m 居住空间包含率下降较慢说明在宏观格局上，两者仍保持了扩张方向的一致性。②400 m 单蜂巢工业居住空间比率下降至 2.75，说明居住空间和工业空间的混合度逐步下降，居住空间开始具备独立空间形态。③400 m 单蜂巢工业空间比率提升至 1.15，说明随着市场经济体制改革的加速，占地较少的私营中小企业逐步增多。

（2）空间关联形态

空间关联形态表现为居住—工业空间的相邻融合 ［图 6.9（c）］。随着人民生活水平的逐步提高，城市居民对人居环境的要求显著提升，工业空间的环境负效应导致两者逐步分离。但由于通勤仍以自行车等人力工具为主，两者的相邻融合状态有利于降低通勤成本。

4）单向居住—工业分离融合扩张

福利住房与市场化双轨制后期（1990—1998 年）两者空间关联可总结为单向居住—工业分离融合扩张，空间关联强度持续下降，表现为分离融合形态。

（1）空间关联强度

随着长江三角洲一体化发展趋势的日益明显，为加快与上海、苏南的对接，工业空间扩张从城市东北部剧烈调整至交通条件更为便利的西南部，居住空间热点也随之调整至毗邻的文汇、双桥社区 ［图 6.7（d）；图 6.8，④］。①该阶段蜂巢 400 m 居住空间包含率持续下降至 43.6%，微观空间关联度显著降低；800 m 居住空间包含率下降至 71.2%，仍然保持着较高水平，空间热点均由上阶段的东、北方向转为西南方向，保持着宏观扩张方向的一致性。②400 m 和 800 m 单蜂巢工业居住空间比率下降至 2.56、4.43，说明两者的空间融合度进一步下降。③400 m 和 800 m 单蜂巢工业空间比率分别下降至 1.12 和 1.64，这是由于该阶段外资企业大量进驻工业园区，由于外资企业占地规模较大，导致单蜂巢工业空间比率的相对下降。

（2）空间关联形态

空间关联形态表现为居住—工业空间的分离融合扩张［图6.9（d）］。该阶段城市居民对环境、公共服务有着更高的要求，而工业空间周边环境相对较差，导致居住空间和工业空间的融合程度进一步降低；同时，居住空间的规模扩大也使得学校、医院等公共服务设施规划建设的经济可行性更高。但该时期，通勤工具仍以自行车等人力交通工具为主，从通勤成本角度考虑，居住、工业空间仍保持着环境"推力"和通勤"拉力"的平衡。

5）单向居住—工业独立扩张

住房体制市场化全面推进期（1999—2009年），居住—工业空间关联可总结为单向居住—工业独立扩张，空间关联强度下降至最低值，表现为空间独立形态。

（1）空间关联强度

随着润扬大桥等一批交通基础设施建设完成，城市与上海、苏南一体化程度加深，工业空间在交通条件便利的西南部持续扩张，而居住空间则转向服务更为发达的城市西部邗上片区［图6.7（e）；图6.8，⑤］。①该阶段蜂巢400 m居住空间包含率急剧下降至29.2％，800 m居住空间包含率急剧下降至44.8％，分别比上阶段下降了14.4％和26.4％，扩张方向与服务业西向扩张一致，而工业空间无明显方向性，表明该阶段居住空间扩张动力已转为服务业空间。②400 m和800 m单蜂巢工业居住空间比率降低至2.54和4.41，说明居住、工业空间混合程度继续降低，两者的空间指向发生了明显分化。③400 m单蜂巢工业空间比率提升至1.18，说明随着所有制改革的逐步深入，占地规模较小的私营、集体企业数量占比越来越高。

（2）空间关联形态

空间关联形态表现为居住—工业空间的独立扩张［图6.9（e）］。①该阶段工业在经济发展中的重要性下降，就业吸纳能力有所降低。2008年，作为研究区主体的广陵区、邗江区工业占比已分别下降至57.56％、60.05％。工业对就业吸纳能力的下降，导致两者关联度有所降低。②城市居民对生活环境、服务业配套程度要求显著提高。该阶段扬州仍然处于重化工业化时期，"开发区热"持续升温，环保门槛相对较低。作为工业空间的集聚区域，工业园区环境污染较为严重，导致居住、工业空间邻避现象较上一阶段更为明显。③服务业空间与居住空间紧密融合。该阶段，服务业快速发展，作为研究区主体的广陵区和邗江区服务业占比分别达40.7％、35％，服务业的快速发展导致居住空间和服务业空间的关联日益紧密，邗上片区由于毗邻火车站、高速出入口，发展服务业优势突出，成为居住空间扩张新热点。

6）多向产城有机融合扩张

住房体制市场化调整完善期（2010—2017年），居住—工业空间关联可总结为多向产城有机融合扩张，关联强度有所提升，表现为居住空间、工业空间、服务业空间的融合形态。

（1）空间关联强度

城市发展日益均衡，工业空间出现了西北部维扬经济技术开发区、东部广陵产业园等热点,与之相对应,居住空间则出现西北部蜀冈片区、东部河东片区等热点[图 6.7 (f);图 6.8,⑥]。①该阶段 400 m 蜂巢居住空间包含率下降至 28.3%,两者在微观空间分离态势持续加深;但 800 m 蜂巢居住空间包含率急速提升至 56.1%,宏观空间关联度有所增强,这是由于随着城市规模的扩张,居住和工业空间分离带来的城市通勤成本急速增加,而空间融合有助于降低通勤成本;同时随着产业转型升级,以电子为代表的低污染、低能耗产业占比提升,工业空间对居住空间的环境负外部性有所下降,两者相容性提升,促进了空间融合。400 m 和 800 m 蜂巢居住空间包含率的差异,说明该阶段居住空间和工业空间呈现为"大尺

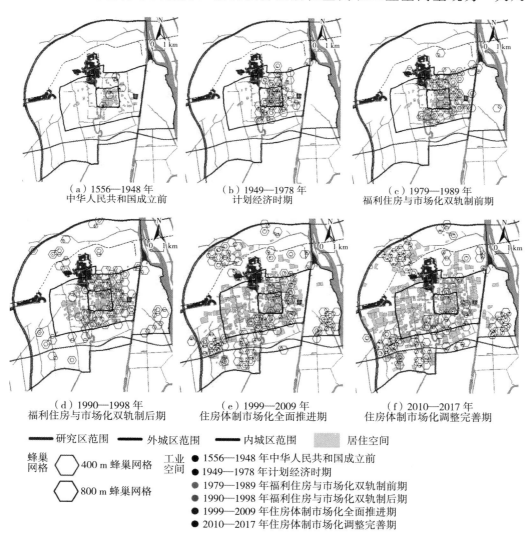

（a）1556—1948 年
中华人民共和国成立前

（b）1949—1978 年
计划经济时期

（c）1979—1989 年
福利住房与市场化双轨制前期

（d）1990—1998 年
福利住房与市场化双轨制后期

（e）1999—2009 年
住房体制市场化全面推进期

（f）2010—2017 年
住房体制市场化调整完善期

—— 研究区范围　　—— 外城区范围　　—— 内城区范围　　▨ 居住空间

蜂巢网格　⬡ 400 m 蜂巢网格

⬡ 800 m 蜂巢网格

工业空间
● 1556—1948 年中华人民共和国成立前
● 1949—1978 年计划经济时期
● 1979—1989 年福利住房与市场化双轨制前期
● 1990—1998 年福利住房与市场化双轨制后期
● 1999—2009 年住房体制市场化全面推进期
● 2010—2017 年住房体制市场化调整完善期

图 6.7　居住—工业空间形态关联演化

注:彩图见书末。

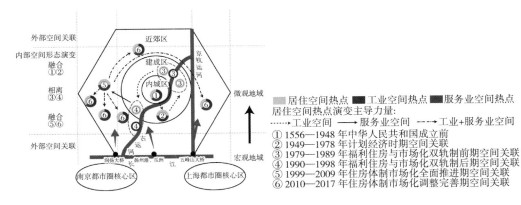

图 6.8 居住—工业空间关联强度演化

注：彩图见书末。

度融合、小尺度分离"形态。②400 m 单蜂巢工业居住空间比率上升至 3.17，800 m 单蜂巢工业居住空间比率上升至 4.8，说明随着居住空间与工业空间的再度融合，蜂巢内部结构日趋复杂。③400 m 单蜂巢工业空间比率提升至 1.24，表明单蜂巢内企业数量增多，这一方面是由于产业结构从机械、化学等重工业转向占地规模较小的电子等轻工业，另一方面是由于规模较大的国有企业逐步为经营更加灵活、用地更加集约的私营企业所取代。

（2）空间关联形态

空间关联形态表现为居住—工业空间的有机融合［图 6.9（f）］，以中心型产城

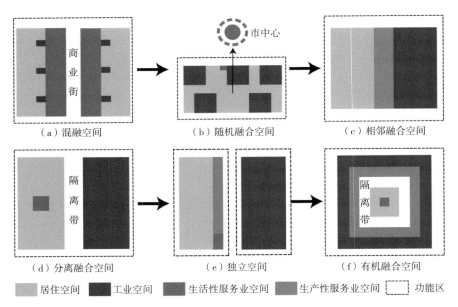

图 6.9 居住—工业空间失联形态

注：彩图见书末。

融合最为典型。该形态生活性服务业分布于功能区中部区域，外侧按圈层分别为居住空间、生产性服务业空间、工业空间，这种布局既降低了职工通勤成本，减小了工业空间的环境负外部性，也便于强化生产性服务业与工业之间的协作关系。

6.4　本章小结

居住空间与工业空间的关联主要体现在空间扩张方向关联和空间形态关联。本章首先对近代以来扬州市工业空间格局演化过程进行了系统梳理，在此基础上分别采用中心距离法、蜂巢网格法对居住—工业空间扩张方向关联、空间形态关联进行定量分析。主要结论包括：

①空间扩张方向关联。工业空间扩张对居住空间扩张有较大影响，改革开放前，两者方向关联度更高；改革开放后，两者扩张方向逐渐分离；工业空间扩张速度快于居住空间扩张，这是由于"用地"是工业扩张的核心问题，除对外交通条件要求较高，工业空间受限较少，而居住空间是系统扩张，受环境条件、公共服务配套等多重因素影响，有一定滞后性。改革开放以来，大量国有企业被兼并、破产、重组，计划经济时期形成的工业区"空心化"，一定程度加速了工业空间中心的移动。

②空间形态关联。居住—工业空间关联形态表现为中华人民共和国成立前的混融同心圆形态、计划经济时期的单向居住—工业随机融合扩张形态、福利分房与市场化双轨制前期的单向居住—工业相邻融合扩张形态、福利分房与市场化双轨制后期的单向居住—工业分离融合扩张形态、住房体制市场化全面推进期的单向居住—工业独立扩张形态、住房体制市场化调整完善期的多向产城有机融合扩张形态，总体表现为融合—相邻—相离—再融合的演化趋势。

第7章 扬州市居住空间与服务业空间关联格局

扬州自古商业繁华，大运河、长江交汇的地理优势和盐业经济使扬州成为全国重要的商品集散地，由此推动了城市服务业的繁荣，对城市居住空间格局产生了重大影响。进入 21 世纪以来，随着工业经济的快速发展，生产性服务业应运而生，逐步成为服务业的重要组成部分。相比工业空间，服务业空间占地规模较小、与居住空间兼容性较高，因此与居住空间除空间扩张方向关联外，更多体现为空间属性关联。基于上述原因，除居住—服务业空间扩张方向关联外，本章重点分析了各社区服务业 POI 数量、密度、多样性特征的空间格局，同时结合第 4 章居住空间物质、社会、经济属性，开展最小二乘法和地理加权回归模型分析，进而揭示了社区尺度居住—服务业空间的关联格局，将两者的关联研究从数量关联推进至属性关联，为产城融合、服务业布局规划提供理论依据。

7.1 服务业空间格局

本节将分析社区服务业 POI 的数量、密度、多样性特征，揭示其与第 4 章社区居住空间属性特征的关联格局。

扬州自古以来是江淮地区商贸中心，服务业传统深厚，各类服务业空间发展较为充分。作为首批历史文化名城，研究区居住空间保留了独特的"年轮"式圈层格局，不同圈层居住空间物质、社会、经济特征差异显著。服务业空间的充分发展和居住空间的显著异质性，为居住—服务业空间关联研究提供了多层次、多尺度视角，具有典型意义。服务业空间数据来源于 2017 年度扬州市 POI 数据库，点位数合计 20 467 个（图 7.1）。

7.1.1 数量特征

社区平均服务业 POI 数量 131 个。采用自然间断点（Natural Break）方法按服务业 POI 个数将社区分为高（439～475 个）、次高（258～438 个）、中（135～257

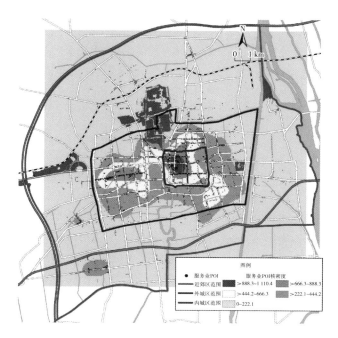

图 7.1　服务业 POI 核密度

个）、次低（51～134 个）、低（0～50 个）5 级，具体空间格局如下：

①波形变化趋势。研究区服务业 POI 数量由 CBD 向外呈现低—高—低的波形变化特征，内城区社区服务业 POI 平均数量为 190 个，外城区 207 个，近郊区仅为 61 个。

②线性集聚分布。根据空间自相关分析结果，在满足 1% 显著性检验水平下，全局 Moran's I 指数为 0.28，说明研究区服务业 POI 高度集聚。高 POI 社区空间呈线性分布，主要分布于主干道及两侧的生活型道路，如东西向文昌路及两侧翠岗路沿线的五里、兰庄社区（图 7.2，A），武塘、康乐、石桥社区（图 7.2，B）、皇宫、石塔、通泗社区（图 7.2，C），南北向邗江路沿线的冯庄社区（图 7.2，D）。在高及次高数量等级的 26 个社区中，有 13 个分布于文昌路沿线，高数量等级的 3 个社区均位于邗江路沿线。

③外围局部高值区。在"低—高—低"总体空间格局下，近郊区分布有少量服务业 POI 高值区，主要为大学城、城郊专业批发市场所在社区，如西北部司徒村（图 7.2，E）有苏中地区最大的玩具批发市场五亭龙国际玩具城，西南部顺达、高桥社区、柏圩村（图 7.2，F）为扬子津科教园所在地。

7.1.2　密度特征

研究区社区平均面积 1.3 km²，其中内城区 0.3 km²，外城区 0.7 km²，近郊区

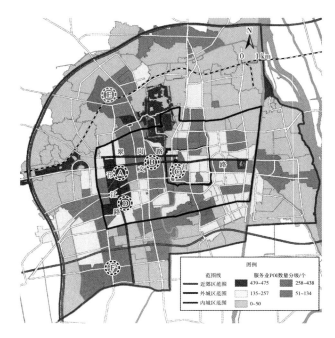

图 7.2 服务业分社区数量特征

$1.9~km^2$。由于社区面积对服务业 POI 数量有显著影响，需计算各社区服务业 POI 密度。研究区社区服务业 POI 平均密度为 2.42 个/hm^2，采用自然间断点（Natural Break）方法按服务业 POI 密度将社区分为高（>8.64 个/hm^2）、次高（>4.93~8.64 个/hm^2）、中（>2.7~4.93 个/hm^2）、次低（>0.97~2.7 个/hm^2）、低（≤0.97 个/hm^2）5 级，具体空间格局如下：

①同心圆变化趋势。3 个圈层社区 POI 数量呈由高变低的空间分布特征，其中内城区社区 POI 密度为 6.8 个/hm^2，外城区为 3.5 个/hm^2，近郊区仅为 0.6 个/hm^2。

②等级集聚分布。全局 Moran's I 指数为 0.76，呈显著集聚。内城区社区服务业 POI 密度较高，如皇宫社区、石塔寺社区（图 7.3，A），为市级服务业中心。外城区 POI 密度高值社区围绕内城区呈等边三角形分布，分别为城西兰庄、康乐、武塘等社区（图 7.3，B），城南施井、东花园、联谊路社区（图 7.3，C），城北漕河、丰乐社区（图 7.3，D），主要为社区级服务业中心。

③东北—西南分布趋势。服务业 POI 标准差椭圆长轴呈东北—西南走向，与城市棋盘式路网格局差异较大，该趋势分布与城市拓展方向有较大关联。西南方向是城市重点发展的新城区，有国家级扬州经济技术开发区、扬子津科教园，近年来居住空间发展迅速，人口大量集聚，促进了邗江路南段服务业空间的形成，使服务业 POI 密度标准差椭圆产生东北—西南方向的偏离。

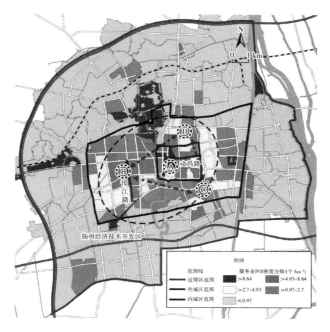

图 7.3　服务业分社区密度特征

7.1.3　多样性特征

　　服务业 POI 数量既与社区居住空间的人口密度、人口结构紧密相关，也与社区区位有一定关联，如内城区皇宫、旌忠寺等社区虽然服务业密度较高，但与社区居住空间相关性较小，原因在于上述社区位于市级服务业中心，消费对象并非社区人口本身，而是面向全市人口。如何将市级、社区服务业空间进行分类，需进行服务业多样性分析。

　　（1）服务业空间结构类型

　　依据扬州市 2017 年 POI 数据库，研究区服务业 POI 共分为餐饮美食、生活服务、金融行业、宾馆酒店、购物、运动休闲、文化教育、医疗卫生 8 类。内城区社区人口年龄结构、财富结构较外城区社区单一，较高的服务业 POI 密度主要来源于面向全市人口的高等级服务业中心，因此可通过生态学方法，以香农-维纳指数（Shannon-Wiener Index）测算服务业 POI 的多样性。通过计算香农-维纳指数，进一步识别市级、社区服务业空间结构特征。

　　（2）多样性指数

　　多样性指数源于生态学，用于描述一个群落的多样性，该指标在经济学中可用来描述一个地区经济活动的分布。多样性测度常使用香农-维纳指数（Shannon-Wiener Index）、辛普森指数（Simpson Index）、集中度指数。其中以香农-维纳指数使用最为广泛，公式如下：

$$H_k = -\sum_{i=1}^{S} p_i \ln p_i \qquad (7-1)$$

其中，H_k 为 k 社区服务业 POI 多样性指数，S 为服务业 POI 类型数，p_i 为第 i 类型服务业 POI 个数占服务业 POI 总个数的比例。

将多样性指数应用于服务业空间研究，基本原理为人地关系理论。服务业空间存在的基础是人的消费行为，消费行为受个体特征影响，个体特征核心内容是年龄和财富水平。由于居住空间与人类生活联系最为紧密，因此与人群的年龄、财富结构有着紧密的相关性，进而通过消费行为与服务业空间产生关联。相较于市级服务业中心，社区服务业中心主要面向本社区，居住—服务业空间基于消费行为产生空间关联，即居住空间的人口年龄、财富结构对社区服务业多样性特征产生影响。市级服务业中心由于等级高，消费行为集中于珠宝、服装等高等级、低概率消费行为，服务业多样性特征趋于单一。

（3）研究区多样性指数测算结果

研究区 POI 多样性指数平均值为 2.69，采用自然间断点（Natural Break）方法按 POI 多样性指数将社区分为高（＞3.08）、次高（2.60～3.08）、中（1.97～2.59）、次低（0.69～1.96）、低（＜0.69）5 级，具体空间格局如下：

①波形变化趋势。研究区服务业 POI 多样性指数由 CBD 向外呈低—高—低变化趋势，其中内城区为 2.94，外城区为 3.11，近郊区为 2.09。

②高值区呈板块集聚特征。全局 Moran's I 指数为 0.24，采用热点分析方法发现，多样性指数高值社区与居住空间热点基本一致，两者存在紧密的空间对应关系，如西部的邗上板块（图 7.4，A），东部的曲江板块（图 7.4，B），北部的梅岭板块（图 7.4，C），西南部的大学城板块（图 7.4，D）。

③内城区、近郊区 POI 购物类型集中度更高，而居住空间更为集中的外城区则相对较为均衡。可采用购物/生活服务 POI 数量比指标测度各社区 POI 类型集中度，分别从内城区、外城区、近郊区东西南北 4 个方位抽取典型社区进行对比（表 7.1）。内城区古旗亭、新仓巷、教场、彩衣街（图 7.4，E）4 个代表性社区购物类型 POI 数量分别为 178、120、208、123，是第二位生活服务类型 POI 数量的 6.6、5.5、7.4、5.6 倍。外城区洼子街、宝带、翠岗花园、漕河 4 个代表性社区购物类型 POI 数量分别为 85、72、71、126，分别是生活服务类型 POI 数量的 1.3、1.1、1.0、1.4 倍。近郊区茱萸湾、九龙花园、佘林村、鸿福 4 个代表性社区购物类型 POI 数量分别为 30、22、92、72，分别是生活服务类型 POI 数量的 7.5、2.0、5.8、2.0 倍。

图 7.4　服务业分社区多样性特征

表 7.1　各圈层社区 POI 类型数量对比

圈层	社区名称	方位	购物/个	生活服务/个	购物/生活服务
内城区	古旗亭	东	178	27	6.6
	新仓巷	南	120	22	5.5
	教场	西	208	28	7.4
	彩衣街	北	123	22	5.6
外城区	洼字街	东	85	63	1.3
	宝带	南	72	66	1.1
	翠岗花园	西	71	70	1.0
	漕河	北	126	89	1.4
近郊区	茱萸湾	东	30	4	7.5
	九龙花园	南	22	11	2.0
	佘林村	西	92	16	5.8
	鸿福	北	72	36	2.0

7.2 居住—服务业空间扩张方向关联

7.2.1 居住—服务业空间扩张方向关联测度方法

研究区居住—服务业空间扩张方向关联测度采用中心距离法。其中，D_I 为同一时间段居住—服务业空间中心距离，D_S 为不同时间段服务业空间中心移动距离，D_R 为不同时间段居住空间中心移动距离。本章共计算 8 个时间段居住—服务业空间中心，分别为 1940—1949 年、 1950—1959 年、 1960—1969 年、 1970—1979 年、 1980—1989 年、 1990—1999 年、2000—2009 年、2010—2017 年（图 7.5、图 7.6）。

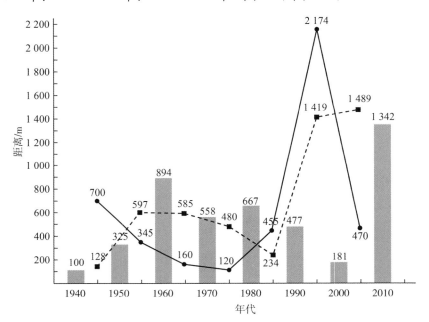

图 7.5 1949—2017 年居住—服务业空间中心移动

7.2.2 1949 年之前空间扩张方向关联

1949 年之前，扬州服务业空间集中于内城区以教场—辕门桥为中心的小东门、多子街、小秦淮、钞关、东关街等地（图 7.7）。行业类型包括粮食、肉业、炒货业、酱业、旅社业、布业、饮食业等，商户共计 1 600 余户。该阶段，居住中心也位于教场—辕门桥一带，说明两者关联度较高。

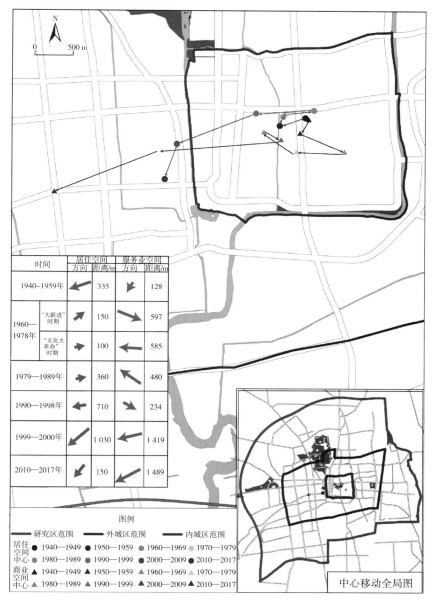

图 7.6　1949—2017 年居住—服务业空间中心方向关联

注：彩图见书末。

7.2.3　1949—1978 年空间扩张方向关联

1949 年以后，国家通过发展国营服务业、改造私营服务业等方式主导城市服

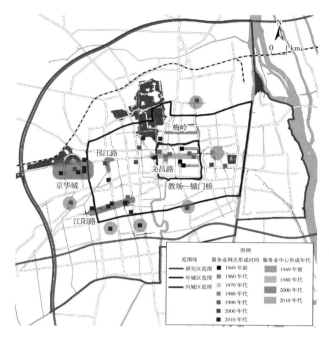

图 7.7　1949—2017 年服务业空间演化

注：彩图见书末。

务业发展。就空间格局而言，1949 年后直至改革开放前，扬州服务业空间与 1949 年之前总体一致，均位于教场—辕门桥一带。

　　该阶段，服务业空间以市级为主，集中分布于内城区，与社区居住空间关联较小。居住与服务业空间关联相对较弱的原因在于：一是受居民收入较低和商品消费计划约束的影响，社区居民消费量较小，消费行为频率较低；二是服务业空间布局受行政因素影响较大，大型服务业网点以国营为主，选址有明显"中心"偏好，对居住空间变动敏感性不高[254]。

7.2.4　1979—1998 年空间扩张方向关联

　　该阶段市级服务业中心缓慢西移，文昌路市级服务业中心逐步确立。该阶段居住空间西移 350 m，服务业空间西移 246 m，原因在于 1990 年代末期，内城区文昌路西段落户以扬州商场（1986 年）、茂业百货（1994 年）、万家福商城（1996 年）、时代广场（1998 年）为代表的大型百货商店，银河电子城（1995 年）等专业消费市场也逐步崛起。与此同时，随着居住空间西移，教场—辕门桥服务业中心丧失人口依托，于 1990 年代末逐步衰落。

　　社区服务业逐步兴起，居住—服务业空间关联日益紧密，至本阶段末两者中心距离仅为 181 m。社区服务业空间主要为餐饮、生活服务等与居民日常消费紧密相关的服务业街区，如四望亭路美食街、兴城路美食街、望月路美食街、秋雨路商业街等。社区服务业的兴起反映了服务业空间与居住空间开始逐步融合，服务业发展重心开始下移。社区服务业出现有三个原因：①居民生活水平提高，消费能力和频率显著增强。②消费频率提高后，通勤成本成为消费者考虑的重要问题，社区服务业与居住空间距离较短，成为消费的首选。③随着国家体制的改革，私营、个体商业成为主要形式，服务业布局更为灵活。

7.2.5　1999—2017 年空间扩张方向关联

该阶段居住、服务业空间继续西移，居住空间西移 1 180 m，服务业空间西移2 908 m。受人口数量快速增长，消费水平持续提高，消费内容多样化等因素影响，服务业格局出现了 2 个变化：①城镇化快速推进对服务业空间格局产生重大影响，市级服务业中心变动较上一阶段更加剧烈，城市西部京华城、江阳路沿线等市级服务业中心快速崛起。上一阶段，文昌路市级服务业中心替代教场—辕门桥服务业中心花费近 20 年时间，两中心空间移动仅 1 000 m，体现为相邻融合扩张；而京华城服务业中心（2007 年）、江阳路服务业中心（2010 年）仅 5 年时间就已初步形成，两者距文昌路服务业中心空间距离达 6 km，更多表现为等级扩散。②与文昌路线状服务业中心不同，该阶段京华城服务业中心表现为面状形态，说明京华城服务业中心消费群体更多依赖周边区域的面状居住空间，居住—服务业空间关联度更高。

该阶段，居住—服务业空间西移幅度不同，导致两者中心距离扩大，至本阶段末，两中心距离已达 1 342 m，原因在于两者扩张热点的差异：①经过近 10 年的发展，以新城西区为代表的城市西部居住空间入住率明显提高，服务业空间的人口支撑条件逐步成熟，力宝广场（2010 年）、万达广场（2017 年）等购物中心先后进驻京华城、江阳路沿线市级服务业中心，导致服务业空间中心西移明显。②与服务业西向扩张相对，该阶段居住空间西向扩张停滞，北部、南部、东部均出现热点，致使中心西移速度减缓，2010 年后的 7 年间居住空间仅向西移动 150 m，两者中心距离明显扩大。

该阶段，服务业出现了生活性服务业、生产性服务业的分化，两者与居住空间的关联呈现差异化特点：

①居住空间与生活性服务业关联的深化。一是居住与生活性服务业空间的消费关联从商品消费转向服务业消费，消费频率显著提高。上一阶段，商品消费是服务业空间的核心，该阶段服务业空间功能从商品消费转为商品、服务等多样性消费，购物中心也随之转型为餐饮、娱乐、购物等多业态综合体，自然环境优越的服务业空间更是增加了文化、环境等消费要素，典型如瘦西湖周边虹桥坊（2013 年）、三湾湿地公园周边宝龙商业广场（2016 年）等。二是消费关联的日趋紧密使生活性服务业形态从商业街转向商业综合体。上阶段社区服务业多以商业街形式出现，以商铺为基本单元，该阶段超市、商业综合体逐步出现，社区服务业中心多体现为面

状发散型综合体。三是社区服务业更加均衡。东区有华润苏果（2004 年）、大润发广陵店（2007 年）；西区有大润发邗江店（2001 年）、蒋王店（2017 年）；南区有欧尚超市（2009 年）、大润发南区店（2017 年）；北区有沃尔玛超市（2009 年）、大润发竹西店（2012 年），由此形成区域服务业中心。上述服务业空间格局形成有如下因素：一是生活水平提高，消费结构多样化，娱乐、养生等服务消费需求增长，单业态无法满足多层次需求。二是城市空间扩大，出行成本增加，压缩消费出行时间成为居民消费空间选择的重要因素，与居住空间关联更为紧密的社区服务业空间由于出行成本较低而更受青睐。三是交通方式发生转变，汽车出行成为主流，而内城区车位缺乏，难以满足停车需求，加速了内城区服务业中心的衰落。

②生产性服务业成为居住空间扩张的重要动力。2000 年后，随着邗江撤县设区，区政府西迁邗上街道；扬州火车站、润扬大桥选址城西，城市西部区位优势明显，由此导致城西邗上、新盛街道服务业发展迅速，形成了以文昌路、邗江路为主轴的服务业集聚区。该区域东至新城河路，西至启扬高速，北至平山堂路，南至江阳路，面积约 11.05 km²，分布有写字楼 16 幢，其中文昌路沿线代表性写字楼有公元国际、国泰科技综合体、德馨大厦等；邗江路沿线代表性写字楼有威亨大厦、联合广场、现代广场、星座国际等。写字楼以生产性服务业为主，包括研发设计服务、信息服务、金融服务、节能与环保服务、人力资源管理与职业教育培训服务等。生产性服务业的快速发展创造了大量就业机会，促进了服务业空间与居住空间的紧密融合。

7.2.6 居住—服务业空间关联方向测度结果分析

居住—服务业空间中心距离呈扩大—缩小—扩大的总体特征。1940 年代居住—服务业空间中心距离为 100 m，1950 年代扩大到 325 m，改革开放前达高峰值 894 m。改革开放后，居住—服务业空间中心距离逐步缩小，1980 年两者距离缩短为 667 m，2000 年代缩小为 181 m，2010 年代又急速扩大至 1 342 m。

居住—服务业空间中心在不同时间段移动速度和方向呈如下特征：改革开放前居住—服务业空间中心变动总体不大，关联方向相关性不高；改革开放后居住—服务业空间中心移动剧烈，两者相关性提高，居住空间较服务业空间移动提前 1 个周期。①改革开放前，居住—服务业空间中心移动相关性不高，居住空间移动方向分别为西南、东北、东北、东北，移动距离分别为 335 m、150 m、100 m、360 m；服务业空间移动方向分别为西南、东南、西、西北，移动距离分别为 128 m、597 m、585 m、480 m。②改革开放后居住—服务业空间移动时滞效应明显。第一轮移动始于 1980—1990 年，居住空间移动方向为西南，距离为 710 m，服务业空间移动方向为东南，距离为 234 m，居住空间与服务业空间关联度不高。第二轮移动始于 1990—2000 年，居住空间移动方向为西南，距离为 1 030 m，服务业空间移动方向为西南，距离急速扩大为 1 419 m。第三轮移动始于 2000—2010 年，居住空间移动方向为西南，距离为 150 m，服务业空间移动方向为西南，距离为 1 489 m。上述三轮移动中，居住空间第一轮、第二轮移动方向、变速分别与服务业空间第二轮、第三轮相对应，服务业空间中心移动时滞效应明显。

从居住、服务业空间扩张过程可见以下几个规律：第一阶段为 1949 年之前，该阶段城市有着强烈的封建商业城市性质，居住与服务业空间关联度较高。第二阶段为 1949—1978 年，该阶段处于计划经济时期，居住—服务业空间关联度不高。第三阶段为 1979—1998 年，该阶段为计划经济向市场经济过渡时期，居住—服务业空间关联度有所提升。第四阶段为 1999—2017 年，该阶段社会主义市场经济初步建立，居住—服务业空间关联度明显增强，服务业空间移动时滞效应明显。

7.3　居住—服务业空间属性关联

7.3.1　变量选取

根据行为学派观点，不同社会、经济阶层消费者由于认知、行为的差异将会对服务业空间结构产生影响。宋伟轩等发现门禁社区的大量出现和住宅价格门槛的形成，推动了城市社会空间碎片化，社区成为特定社会阶层的聚居地，具有了明显的物质、社会、经济特征[124]。本研究通过目视调查法等方法统计了研究区 460 个小区居住空间的物质、社会、经济指标，将上述指标按 126 个社区进行汇总，从而使居住空间的物质、社会、经济指标与社区服务业空间的数量、密度、多样性指标形成空间匹配关系[255]。

居住空间的物质、社会、经济指标分为 3 类（表 7.2）[256]。物质指标多与社区居住空间建筑形态有较大关联，更多反映了社区的本体特征，包括建筑年份、容积率、社区面积；社会指标与社区人口特征有较大关联，包括人口数量、人口密度、人口年龄结构（学龄比、青年比、中年比、老龄比）、人口财富结构（高档车占比、中档车占比、低档车占比、车户比）、入住率；经济指标与社区房地产平均价格相关，是物质指标、社会指标的综合反映，包括小区居住空间均价。

表 7.2　居住—服务业空间特征关联模型自变量

指标类型	自变量
物质指标	建筑年份、容积率、社区面积
社会指标	人口数量、人口密度、学龄比、青年比、中年比、老龄比、高档车占比、中档车占比、低档车占比、车户比、入住率
经济指标	小区居住空间均价

注：在第 3 章设定的指标体系中，除通勤结构（包括双峰型、平稳型、三峰型）为定类数据而被剔除外，其他数据为定距数据，将其引入模型。

7.3.2 变量确定

1）数量特征模型变量

为进一步分析服务业数量特征与居住空间特征的关系，对社区居住空间变量进行选择，社区居住空间主要量化指标包括建筑年份、容积率、社区面积、人口数量、人口密度、学龄比、青年比、中年比、老龄比、高档车占比、中档车占比、低档车占比、车户比、入住率、小区居住空间均价。使用探索性回归工具对指标进行精简，解决共线性问题，并对变量显著性进行分析。

（1）变量组合分析

分别设定选取变量个数为 3、5 进行比较分析。如果选择 3 个变量，首选变量组合为：①建筑年份、人口数量、中档车占比。②建筑年份、人口数量、低档车占比。③社区面积、建筑年份、人口数量。如果选择 5 个变量，首选变量组合为：①社区面积、建筑年份、人口数量、中档车占比、入住率。②社区面积、建筑年份、人口数量、中年比、中档车占比。③建筑年份、人口数量、小区居住空间均价、中年比、中档车占比。

（2）变量综合判断

①校正可决系数的指标含义在于检验指标的解释力，从而确定指标组合。3 个变量校正可决系数指标平均为 0.42，5 个变量校正可决系数指标平均为 0.53，5 个变量解释力更强，因此取 5 个指标组合作为候选指标。②变量显著性分析主要说明自变量与因变量之间变化趋势的一致性，显著性越好，模型稳定性越好。在备选的 3 个变量组合方案中，社区面积稳定性较差，有 42.65% 的社区面积取值与服务业 POI 数量呈现正相关，但也有 57.35% 与服务业 POI 数量呈负相关，变量内部存在趋势性矛盾，因此 5 个指标的方案一、方案二予以剔除。③共线变量剔除。主要采用方差膨胀系数检验，建筑年份、人口数量、住宅均价、中年比、中档车占比、低档车占比方差膨胀系数分别为 3.39、1.09、1.66、6.63、12.34、17.62，除中档车、低档车占比共线外，其余均小于 7.5 的临界区间，因此取建筑年份、人口数量、小区居住空间均价、中年比作为模型变量指标。

服务业 POI 数量特征变量显著性结果见表 7.3。

表 7.3　服务业 POI 数量特征变量显著性

变量	显著性/%	变量	显著性/%
人口数量	100.00	青年比	44.64
建筑年份	93.83	容积率	31.14
小区居住空间均价	82.54	车户比	26.06
中年比	78.26	学龄比	22.46

变量	显著性/%	变量	显著性/%
中档车占比	66.73	老龄比	15.00
低档车占比	59.56	人口密度	0.14
高档车占比	53.67	社区面积	0.00
入住率	52.16		

2）密度特征模型变量

与数量特征相似，社区居住空间密度特征主要量化指标包括建筑年份、容积率、社区面积、人口数量、人口密度、学龄比、青年比、中年比、老龄比、高档车占比、中档车占比、低档车占比、车户比、入住率、小区居住空间均价。

（1）变量组合分析

分别设定选取变量个数为3、5进行比较分析，如果选择3个变量，首选变量组合为：①社区面积、建筑年份、青年比。②社区面积、建筑年份、学龄比。③建筑年份、学龄比、青年比。如果选择5个变量，首选变量组合为：①社区面积、建筑年份、学龄比、中年比、车户比。②社区面积、建筑年份、学龄比、青年比、车户比。③社区面积、建筑年份、青年比、低档车占比、车户比。

（2）变量综合判断

①校正可决系数。居住空间15个指标对服务业POI密度的解释能力明显强于服务业POI数量，3个变量校正可决系数指标平均为0.56，5个变量校正可决系数平均为0.58，5个变量的解释能力仅仅比3个变量大0.02，因此对服务业POI密度解释取3个变量指标。②变量显著性分析。在备选的3个变量组合方案中，社区面积、建筑年份、青年比3个指标相对较高，其中，社区面积、建筑年份的显著性均为100%，青年比的显著性为76.57%，而另外的方案中，学龄比的显著性为54.46%，因此选择社区面积、建筑年份、青年比作为最优指标。③共线变量剔除。社区面积、建筑年份、青年比方差膨胀系数分别为1.53、3.39、1.83，均小于7.5的临界区间，因此确定社区面积、建筑年份、青年比作为模型变量。

服务业POI密度特征变量显著性结果见表7.4。

表7.4　服务业POI密度特征变量显著性

变量	显著性/%	变量	显著性/%
社区面积	100.00	容积率	52.95
建筑年份	100.00	人口密度	46.57
青年比	76.57	中年比	29.09
入住率	74.28	中档车占比	20.42

变量	显著性/%	变量	显著性/%
车户比	66.32	低档车占比	19.27
老龄比	64.06	小区居住空间均价	10.49
高档车占比	57.66	人口数量	0.00
学龄比	54.46		

3）多样性特征模型变量

设定服务业多样性特征因变量为服务业 POI 香农-维纳指数,辛普森指数、集中度指数作为验证补充。自变量指标选取建筑年份、容积率、社区面积、人口数量、人口密度、学龄比、青年比、中年比、老龄比、高档车占比、中档车占比、低档车占比、车户比、入住率、小区居住空间均价。

（1）变量组合分析

分别设定选取变量个数为 3、5 进行比较分析,如果选择 3 个变量,首选变量组合为:①建筑年份、老龄比、入住率。②建筑年份、中档车占比、入住率。③建筑年份、低档车占比、入住率。如果选择 5 个变量,首选变量组合为:①社区面积、建筑年份、老龄比、中档车占比、入住率。②建筑年份、人口数量、老龄比、中档车占比、入住率。③社区面积、建筑年份、老龄比、低档车占比、入住率。

（2）变量综合判断

①校正可决系数:3 个变量校正可决系数平均为 0.32,5 个变量校正可决系数平均为 0.39,5 个变量的解释能力较 3 个变量有明显提高,因此取 5 个指标作为候选指标。②在备选的 3 个变量组合方案中,社区面积稳定性较差,约有 50.34% 的社区面积取值与服务业多样性特征呈正相关,但也有 49.66% 与服务业 POI 数量呈负相关,因此变量内部存在趋势性矛盾,因此 5 个变量的方案一、方案三予以剔除。③共线变量剔除。建筑年份、人口数量、老龄比、中档车占比、入住率方差膨胀系数分别为 3.55、1.09、5.34、2.25、12.34,除入住率之外,其余均小于 7.5 的临界区间。因此取建筑年份、人口数量、老龄比、中档车占比作为模型变量指标。

服务业 POI 多样性特征变量显著性结果见表 7.5。

表 7.5　服务业 POI 多样性特征变量显著性

变量	显著性/%	变量	显著性/%
中档车占比	89.50	老龄比	17.02
建筑年份	83.86	人口数量	7.01
低档车占比	56.44	学龄比	1.57
容积率	52.57	车户比	0.78

续表

变量	显著性/%	变量	显著性/%
人口密度	50.49	入住率	96.68
中年比	35.93	社区面积	0.00
青年比	30.18	小区居住空间均价	0.00
高档车占比	22.73		

7.3.3　模型构建

分别采用最小二乘法和地理加权回归法建模，并进行对比。由于地理加权回归法构建的数量、密度、多样性关联模型系数在各空间单元有所差异，可计算校正可决系数平均值与最小二乘模型进行对比。

1）数量特征模型

分别采用最小二乘法和地理加权回归法建模（表 7.6）。

表 7.6　数量特征模型指标

自变量	最小二乘模型				地理加权回归模型			
	相关系数	标准差	t 统计量	概率	平均值	最大值	最小值	中间值
建筑年份	−6.96	1.28	−5.44	0.00*	−7.54	−1.92	−23.10	−7.08
人口数量	0.01	0.00	4.92	0.00*	0.12	0.02	0.23	0.11
小区居住空间均价	−0.01	0.01	−1.79	0.07*	−0.06	−0.01	−0.49	−0.06
中年比	2.52	1.33	1.89	0.06*	2.74	11.59	0.76	2.44
校正可决系数	0.53				0.68			

注：* 表示在 0.01 水平上显著。

2）密度特征模型

分别采用最小二乘法和地理加权回归方法建模（表 7.7）。

表 7.7　密度特征模型指标

自变量	最小二乘模型				地理加权回归模型			
	相关系数	标准差	t 统计量	概率	平均值	最大值	最小值	中间值
社区面积	−0.00	0.00	−2.40	0.02*	−0.00	0.00	−2.4	−0.00
建筑年份	−0.21	0.03	−8.46	0.00*	−0.22	0.03	−8.46	−0.22
青年比	−0.05	0.03	−2.03	0.04*	−0.05	0.03	−2.03	−0.05
校正可决系数	0.56				0.59			

注：* 表示在 0.01 水平上显著。

3）多样性特征模型

分别采用最小二乘法和地理加权回归法建模（表7.8）。

表7.8 多样性特征模型指标

自变量	最小二乘模型				地理加权回归模型			
	相关系数	标准差	t统计量	概率	平均值	最大值	最小值	中间值
建筑年份	−0.03	0.01	−3.19	0.00*	−0.04	−0.04	−0.06	−0.04
人口数量	0.00	0.00	1.48	0.14*	0.00	0.00	0.00	0.00
老龄比	−0.03	0.01	−2.06	0.01*	−0.03	−0.16	−0.43	−0.02
中档车占比	0.01	0.01	1.87	0.06*	0.01	0.02	0.01	0.01
校正可决系数	0.42				0.51			

注：* 表示在0.01水平上显著。

4）最小二乘法和地理加权回归法建模比较

数量特征地理加权回归模型校正可决系数为0.68，最小二乘模型为0.53，地理加权回归模型解释能力优于最小二乘模型；密度特征地理加权回归模型校正可决系数为0.59，最小二乘模型为0.56，两者解释能力相近；多样性特征地理加权回归模型校正可决系数为0.51，最小二乘模型为0.42，地理加权回归模型解释能力优于最小二乘模型。总体而言，地理加权回归模型优于最小二乘模型。但通过比较数量、密度和多样性关联模型的相关系数发现，2种模型的关联系数符号方向完全一致，因此其关联特征是相同的。

7.3.4 模型解释

居住—服务业空间关联模型中，物质特征高关联因子为建筑年份，共计出现3次；社会特征高关联因子为人口数量、年龄结构，其中人口数量出现2次，年龄结构出现3次（中年比、青年比、老龄比各1次）。其他关联因子还包括物质特征（社区面积）、社会特征（中档车占比）、经济特征（小区居住空间均价），上述指标各出现1次，为低关联因子。主要分析高关联因子的关联机理。

1）建筑年份

作为历史文化名城，扬州居住空间保留了独特的"年轮"式圈层格局，特别是文昌路沿线保留了较为完整的居住空间演变过程，故以文昌路为剖面线分析建筑年份与服务业POI的关联关系，代表性社区分别为通泗［1949年前，图7.8（a）：A］、双桥［1960年代，图7.8（a），B］、文苑［1980年代，图7.8（a），C］、兰庄［1990年代，图7.8（a），D］、文昌［2000年代，图7.8（a），E］、殷湖［2010年代，图7.8（a），F］。

服务业POI数量、密度特征与建筑年份呈负相关关系。数量峰值位于兰庄社

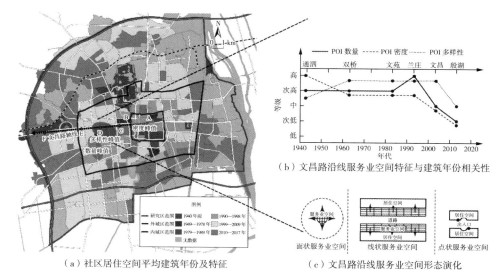

（a）社区居住空间平均建筑年份及特征   （c）文昌路沿线服务业空间形态演化

图 7.8   建筑年份与服务业空间特征关联

注：彩图见书末。

区，密度峰值位于通泗社区 ［图 7.8（b）］。建筑年份与服务业 POI 数量、密度负相关关系解释如下：①建筑年份越新，社区入住率越低，人口数量越少，服务业需求不足，进而导致服务业 POI 数量的下降。建筑年份较早的居住空间一般位于城市中心，人口数量较多，导致城市中心社区服务业 POI 数量较多。②居住空间布置形式。2000 年前的社区居住空间开敞式布局较多，社区内街道两侧形成了数量众多的连家店，并逐步发展为商业街，由此显著提高了社区服务业 POI 密度；而2000 年之后的新建居住空间，以区级商业综合体配套为主，社区服务业布局受到严格限制，由此导致社区 POI 密度的显著降低 ［图 7.8（c）］。

建筑年份与服务业 POI 多样性指数呈倒 U 形负相关关系，即建筑年份越新，服务业多样性特征越简单。建立服务业香农-维纳指数与建筑年份之间的散点图（图 7.9）：2015 年社区服务业香农-维纳指数为 1.56；随着建筑年份向前推移，香农-维纳指数随之逐步增加，至 1995 年达到峰值，为 3.27；1995 年之前建设的社区香农-维纳指数又开始降低，1985 年建设的社区香农-维纳指数仅为 2.73。可建立香农-维纳指数与建筑年份的函数关系。

建筑年份与服务业 POI 多样性指数关系可通过建筑年份—人口结构—服务业多样性指数多重关联进行解释，可分为 3 个阶段。第一阶段，新建居住空间以"刚需"中青年人口为主，年龄结构较为单一，导致服务业需求较为单一，服务业多样性指数较小。第二阶段，随着社区建筑年份的增加，一方面入住率有所提升，消费人口增加，另一方面住宅趋于老旧，价格也随之下降，入住门槛降低，人口结构愈发复杂，服务业需求结构也更加复杂，引致服务业多样性指数的提升。第三阶段，社区建筑年份达到一定临界点后，由于建筑过于老化，对外吸引力明显下降，人口

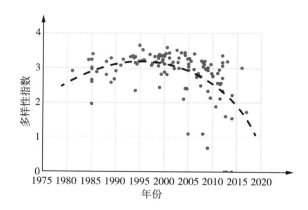

图 7.9　香农-维纳指数与建筑年份相关性

流动趋于停滞。随着生命周期的作用，社区居民逐渐老化，服务业需求结构趋于单一，由此导致社区服务业多样性指数降低。

2）人口数量

人口数量与服务业 POI 数量的正相关机制在于人口数量越大，消费人口越多，由此导致服务业 POI 数量的增加。人口数量与服务业 POI 密度的正相关机制在于，消费人口并未随人口数量的增加"流失"至社区之外，而是"黏滞"于本社区以内，由此导致服务业 POI 数量的增多，进而与服务业 POI 密度发生正相关关系，这说明人口倾向于在社区内消费。人口数量与多样性指数呈正相关关系的机理在于，人口数量增加表现为人口基数的增大，人口基数增大导致人群层次、消费结构的复杂化，由此导致与多样性指数的正相关关系[257]。

3）年龄结构

年龄结构主要体现在中年比与服务业 POI 数量、青年比与服务业 POI 密度、老龄比与服务业 POI 多样性指数之间的关系。

①中年比与服务业 POI 数量呈正相关关系［图 7.10（a），A］。高中年比社区集中分布于五里、冯庄社区，上述区域毗邻扬州经济技术开发区、扬州高新技术产业开发区，由于职住较为平衡，吸引了大量中年上班族入住。中年人口是社会财富的主要创造者，消费能力远强于学龄人口、青年人口和老龄人口，由此导致其与服务业 POI 数量的正相关关系；低中年比集中连片的九龙花园、杉湾社区虽然人口基数相对较大，但学区、自然环境较差，中年人口占比相对较低，消费能力较弱，由此导致较低的服务业 POI 数量［图 7.10（b），B］。

②青年比与服务业 POI 密度呈负相关关系。高青年比社区主要位于近郊区，服务业 POI 密度较低原因在于：青年人口购房以近郊区新建小区为主，新建小区服务业空间布局受严格限制，导致该类社区 POI 密度的显著降低；网络消费、高等级服务业中心消费是青年人口的主要消费特征，与中老年人口差异明显，社区服务业相对弱化，进一步强化了 POI 密度与青年比的负相关关系。

（a）中年比与服务业空间特征关联　　　　　（b）老龄比与服务业空间特征关联

图 7.10　中年比、老龄比与服务业空间特征关联

注：彩图见书末。

③老龄比与服务业多样性指数呈负相关关系。位于内城区的古旗亭、个园等社区［图 7.10（b），A］形成于 1949 年之前，基础设施较为落后，就业机会较少，对中青年人口吸引力有限，老龄人口比重偏高。老龄人口服务业需求量较小，类型较为单一，以医疗卫生、生活服务为主，导致服务业多样性指数偏低。而老龄人口占比偏低的社区一般毗邻工业区，如卜桥、石桥社区［图 7.10（b），B］毗邻维扬经济开发区，冯庄、长鑫社区［图 7.10（b），C］毗邻扬州经济技术开发区，上述社区以中青年人口为主，消费类型多样化，由此促进了多样性指数的提升[258]。

7.4　本章小结

居住空间与服务业空间的关联主要体现在空间扩张方向关联和空间属性关联。本章首先对近代以来扬州市服务业空间格局演化过程进行系统梳理，在此基础上分别采用中心距离法、地理加权回归法对居住—服务业空间扩张方向关联、空间属性关联进行定量分析。主要结论包括：

①空间扩张方向关联。计划经济时期（1949—1978 年），居住—服务业空间关联度不高；福利住房与市场化双轨制时期（1979—1998 年），居住—服务业空间关联度有所提升，但关联方向不明显；住房体制市场化时期（1999—2017 年），居住—服务业空间关联方向协同性提升，但服务业空间中心移动较居住空间存在时滞效应。

②空间属性关联。基于目视调查等方法获取了研究区小区居住空间的物质、社

会、经济特征数据，并将之与服务业 POI 数量、密度、多样性指标进行关联分析。研究发现社区居住空间 15 个指标中，建筑年份、人口数量、年龄结构为主关联因子：建筑年份与服务业 POI 数量、密度呈单调负相关关系，与服务业 POI 多样性指数呈倒 U 形负相关关系；人口数量与服务业 POI 数量、密度、多样性指数呈正相关关系；年龄结构中，中年比与服务业 POI 数量呈正相关关系，青年比与服务业 POI 密度呈负相关关系，老龄比与服务业多样性指数呈负相关关系。

第8章 居住空间关联演化与产城融合优化路径

8.1 居住空间与工业、服务业关联演化过程及强度变化

近百年来扬州居住、工业、服务业关联过程，是经济、政治、社会因素共同作用的结果，对历史文化名城空间演化研究具有典型意义。总结三者演化的关联过程及强度变化，共分为6个阶段：混融同心圆形态、单向居住—工业随机融合扩张、单向居住—工业相邻融合扩张、单向居住—工业分离融合扩张、单向居住—服务业融合扩张、多向产城有机融合扩张。总体而言，居住空间关联主导动力经历了服务业—工业—服务业—多产业综合作用的过程（图8.1）。各阶段居住空间与服务业空间、工业空间关联强度如表8.1所示。

（a）混融同心圆形态　（b）单向居住—工业随机融合扩张　（c）单向居住—工业相邻融合扩张

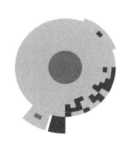 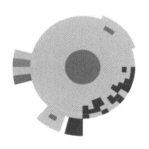 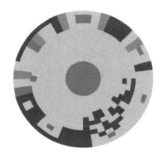

（d）单向居住—工业分离融合扩张（e）单向居住—服务业融合扩张　（f）多向产城有机融合扩张

　　■ 生活性服务业空间　　■ 生产性服务业空间　　■ 居住空间　　■ 工业空间

图8.1　居住、工业、服务业空间关联演化过程

注：彩图见书末。

表 8.1　各阶段居住空间与服务业空间、工业空间关联强度表

圈层	城市空间	居住空间性质	区域编号	居住空间关联对象	混融 同心圆形态	单向居住—工业 随机融合扩张	单向居住—工业 相邻融合扩张	单向居住—工业 分离融合扩张	单向居住—工业 单向融合扩张	单向居住—服务业 融合扩张	多向产城 有机融合扩张
内城区	古城区	古城区	①	生活性服务业	+	−	+	+	+	+	+
				生产性服务业	无	无	无	无	无	无	−
				工业	+	+	+	+	+	+	−
外城区	居住—工业 随机融合	单位社区	②	生活性服务业	无	−	−	−	+	+	+
				生产性服务业	无	无	无	无	无	无	−
				工业	无	+	+	+	+	+	+
	居住—工业 相邻融合	单位社区	③	生活性服务业	无	+	+	+	+	+	+
				生产性服务业	无	无	无	无	无	无	−
				工业	无	无	+	+	+	+	+
	居住—工业 分离融合	商品房社区	④	生活性服务业	无	无	无	+	+	+	+
				生产性服务业	无	无	无	无	+	+	+
				工业	无	无	无	无	+	无	+
近郊区	居住—服务业 融合	商品房社区	⑤	生活性服务业	无	无	无	无	无	+	+
				生产性服务业	无	无	无	无	无	+	+
				工业	无	无	无	无	无	无	−
	产城融合	商品房社区	⑥⑦⑧	生活性服务业	无	无	无	无	无	无	+
				生产性服务业	无	无	无	无	无	+	+
				工业	无	无	无	无	无	无	+

续表

城市空间圈层	居住空间性质	区域编号	居住空间关联对象	历史阶段					
				混融 同心圆形态	单向居住-工业 随机融合扩张	单向居住-工业 相邻融合扩张	单向居住-工业 分离融合扩张	单向居住-服务业 业融合扩张	多向产城 有机融合扩张
近郊区	保障房 保障房社区	⑨	生活性服务业	无	无	无	无	无	—
			生产性服务业	无	无	无	无	无	—
			工业	无	无	无	无	无	＋

注:"＋""—"分别代表居住空间与关联对象空间关联的强、弱关系;区域编号对应示意图见图 8.2—图 8.7。

8.1.1　混融同心圆形态阶段

中华人民共和国成立前（1556—1948 年），居住、工业、服务业三者表现为混融同心圆形态，城市空间局限于内城区的明清古城以内，扩张速度缓慢。生活性服务业以商业形式出现，主要位于城市中心；居住空间围绕生活性服务业空间位于外围圈层（图 8.2，①）；工业空间表现为城市手工业和近代工业两种形态，手工业作为服务业的附属，以"前店后坊"形式与服务业空间紧密融合；近代工业由于原料、市场两头在外，一般选址交通便利的铁路、公路、码头附近。

该阶段，内城区中，古城区居住空间与手工业空间、服务业空间保持着强关联。

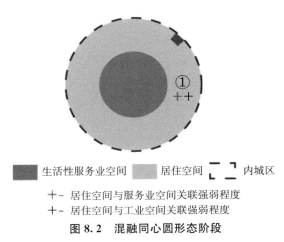

图 8.2　混融同心圆形态阶段

注：图 8.2—图 8.7 中，"＋""－"表示居住空间与相应空间关联的强弱程度，其中"＋"表示强关联，"－"表示弱关联。彩图见书末。

居住、服务业、工业空间关联体现在三个方面。

（1）服务业的主体地位

扬州位于长江与运河交汇之地，是东南物资转运中心，商贸业在城市经济中占据重要地位。据《扬州商业志》记载，清代扬州商业区规模庞大，不但有小东门、多子街、小秦淮、教场、钞关等多处商业街，还出现了便益门鱼市、天宁门花市、南门柴草市等专业市场，这既由扬州南北交通枢纽的地理优势所决定，也由扬州"盐商"特殊群体为商贸业发展提供了广阔的消费市场。

（2）服务业—工业空间关联

①手工业空间。商贸业的繁盛刺激了手工业发展，特别是盐商群体的奢侈品消费，为奢侈品生产提供了生存土壤，如漆器、玉器、化妆品、金银器等。上述手工业品市场狭小，多依靠个体独立完成，因此所需生产空间有限，空间形态表现为"前店后坊"。

②现代工业空间。近代扬州现代工业发展滞后，主要分布于发电业、农产品加工业，这与当时以农业为主导的产业结构有明显关联。以扬州最早的现代工厂之一——扬州麦粉厂为例，面粉生产对劳动力数量要求高，粉尘污染大，占地面积大，且原料、市场两头在外，因此旺盛的劳动力需求使面粉加工厂难以与居住空间完全分离，但占地、粉尘污染等因素，又使之与居住空间产生邻避效应，因此一般选址城郊古运河沿岸。

（3）服务业、手工业与居住空间关联

服务业、手工业与居住空间紧密融合是通勤因素作用的结果。该时期，城市通勤以步行为主，通勤成本较高，服务业、手工业、居住空间融合，既能实现产销结合，压缩运输成本，也能最大程度压缩居民的就业、消费通行成本。

8.1.2　单向居住—工业随机融合扩张阶段

计划经济时期（1949—1978 年），居住、工业、服务业三者主要表现为单向居住—工业随机融合扩张，服务业在城市中处于次要地位，工业是城市扩张的主要动力。该阶段，城市中心仍以商贸服务业为主，但受计划经济体制影响，商贸服务业空间规模有所萎缩；商贸服务业外圈层仍为居住空间（图 8.3，①）。在内城区外围，城市沿交通轴线向外扩张，以工业空间为主，居住空间依附于工业空间，呈随机融合形态（图 8.3，②）。

该阶段，古城区居住空间与生活性服务业空间关联较弱，与外城区工业空间关联较强；居住—工业随机融合空间与内城区生活性服务业关联较弱，与外城区工业空间关联较强。

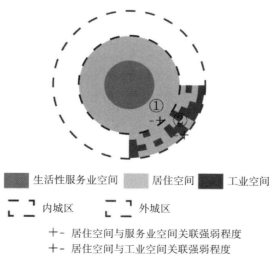

图 8.3　单向居住—工业随机融合扩张阶段

注：彩图见书末。

（1）内城区

该阶段内城区空间关联有 2 个特点：一是手工业与服务业空间逐步分离，"前店后坊"格局逐步瓦解。1949 年后国家对农业、手工业、资本主义工商业进行了社会主义改造，扬州铁、木、竹等 6 个行业组成互助组，改造之后手工业规模有所扩大，部分手工业工厂逐步外迁，内城区手工业迅速衰落。二是古城区居住空间与外城区工业空间融合程度加深。现代工业在城市经济中占比显著提高，吸收了城市绝大多数新增劳动力。以扬州市区为例，改革开放之初的 1982 年，工业从业人数为 103 609 人，占总在业人数的 55.41%，外城区工业空间成为内城区人口的主要就业空间，两者频繁的通勤联系促进了古城区居住空间与外城区工业空间的融合。

（2）外城区

工业与居住空间融合扩张是外城区空间关联的主要特点。1949 年之后，城市工业化进程加速，现代工业企业大量兴起，主要有三个来源：①原有工业、手工业企业的社会主义改造。改造后原有工业、手工业规模快速扩大。②解放区工业的迁建。解放区工业企业从农村迁建至生产条件更好的城市，使城市成为区域生产中心。③动用国家力量，新建工业企业。工业的快速崛起改变了城市形态，工业空间一般选择城市外围的沿河、沿路地带，既可降低拆迁成本、减少不必要的社会矛盾，又可降低企业运输成本。以扬州为例，1950 年代，工业企业一般选址城南运河沿线，由此形成扬州第一个工业区——宝塔湾工业区。

（3）随机融合居住空间的形成

工业空间的扩张带动居住空间的扩张，但此时居住空间并不是一种独立的空间形态，而是工业空间的附属物。由于工业化是更为紧迫的任务，住宅建设被视为工业建设的配套设施。因此，居住空间一般围绕工业企业进行布局。由于各企业独立决策，单位社区交错布局，形成较为明显的居住—工业随机融合形态。

8.1.3 单向居住—工业相邻融合扩张阶段

福利住房与市场化双轨制前期（1979—1989 年），居住—工业空间关联可总结为单向产城相邻扩张。在内城区，服务业空间位于中心位置，古城区居住空间围绕服务业空间位于外围圈层（图 8.4，①）。在外城区，除上阶段工业空间扩张形成的随机融合空间外（图 8.4，②），还出现以居住—工业相邻融合扩张为主要特征的新空间类型（图 8.4，③）。

该阶段内城区的古城区居住空间、外城区居住—工业随机融合空间、居住—工业相邻融合空间与内城区生活性服务业空间、外城区工业空间关联均有所增强。

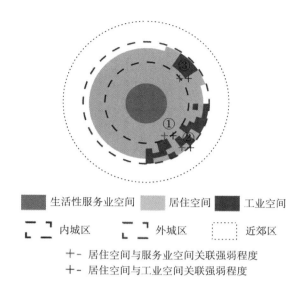

生活性服务业空间　居住空间　工业空间

内城区　　　外城区　　　近郊区

＋－ 居住空间与服务业空间关联强弱程度
＋－ 居住空间与工业空间关联强弱程度

图 8.4　单向居住—工业相邻融合扩张阶段

注：彩图见书末。

（1）内城区

内城区服务业空间与外城区居住空间关联有所增强，表现为内外城道路网显著密集、通勤量明显增大。与上阶段相比，随着市场经济体制的初步确立，人民生活水平显著提高，消费市场日益活跃，外城区小型服务业网点已难以满足人民日益增长的物质文化需求，内城区逐步成为居民消费的主要场所，外城区居住空间与内城区服务业空间更加紧密。以扬州为例，1980 年代初扬州市服务业产值仅为 6.06 亿元，至 1987 年已增长至 19.84 亿元。在消费快速增长的背景下，新建了史可法路（1979 年）、玉器街（1982 年）、史可法西路（1982 年）、东花园路（1982 年）、江都北路（1988 年）等主干路，将内城区与该时期形成的梅岭、沙口等居住片区紧密连接起来。随着生产生活中心的北移，内城区服务业空间从上阶段广陵路—国庆路一线北移至三元路—琼花路一线。

（2）外城区

居住—工业随机融合空间变化不大，相邻融合居住空间快速形成。该阶段，轻工业成为城市发展的新动力，1980 年轻、重工业占比分别为 58.89％、41.11％，与 1976 年相比，轻工业占比上升 5.27％，以宝城厂、电讯仪器厂、晶体管厂为代表的一批轻工企业快速发展，在外城区东北五里庙工业区集聚。为集中财力解决新建工业企业职工住房问题，1979 年开始，城市实行"统一规划、统一投资、统一设计、统一征地拆迁、统一施工、统一分配"的"六统一"政策，在五里庙工业区两侧集中新建了曲江、梅岭 2 个居住片区。为进一步发挥居住空间规模效应，便于配套公共服务设施，该时期居住空间规模较上一时期明显增加，如该时期兴建的东花园新村，占地 20 余公顷，共有住宅楼 121 幢 3 005 套，可容纳居民 1.3 万人；同时，为避免工业空间对居住空间的干扰，两者分离明显，呈邻接发展状态。

8.1.4　单向居住—工业分离融合扩张阶段

福利住房与市场化双轨制后期（1990—1998 年），居住—工业空间关联可总结为单向居住—工业分离融合扩张。在内城区，服务业空间位于中心位置，古城区居住空间位于外围圈层（图 8.5，①）。外城区，除上一阶段工业扩张形成的随机融合、相邻融合空间外（图 8.5，②、③），还出现了以居住—工业分离融合扩张为主要特征的新空间类型（图 8.5，④）。

该阶段古城区居住空间、居住—工业随机融合空间、居住—工业分离融合空间与生活性服务业空间、工业空间关联均较强，而居住—工业相邻融合空间与工业空间关联由强转弱，与生活性服务业空间则保持着强联系。

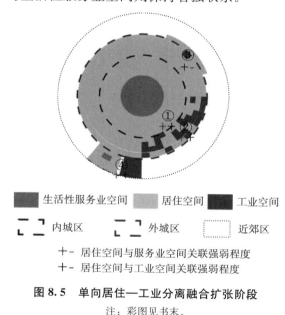

图 8.5　单向居住—工业分离融合扩张阶段

注：彩图见书末。

（1）内城区

内城区仍以服务业为主，但与上阶段相比，与外城区居住空间联系更加紧密。一是服务业空间对居住空间热点调整更加敏感。该阶段城市发展重点由城市东、北转向西南，服务业空间热点逐步转向文昌路商业中心西段，如万家福商城（1996 年）、时代广场（1998 年）均建设于该时期。而 1949 年之前、计划经济时期服务业中心"教场—辕门桥"由于丧失人口依托，于 1990 年代末逐步衰落。二是内城区服务业单体规模扩大，还出现了四望亭路、汶河南路等商业街。如该阶段兴建的万家福商城、时代广场营业面积分别达 2.7 万 m^2、6.63 万 m^2，而上一阶段兴建的最大商服空间——邗江第一百货商店营业面积仅 0.62 万 m²。

（2）外城区

随着社会主义市场经济体制的确立，不同行业受市场冲击差异较大，对居住空间也造成显著的影响，以重工业为主的宝塔湾单位社区仍然保持着居住、工业空间的强联系，而以轻工业为主的五里庙—梅岭片区居住—工业空间关联随着企业的关停并转而趋于弱化。宝塔湾工业区主要为重工业，属资本密集型，进入门槛高，受民营、外资企业冲击较小，居住—工业空间关联影响不大；五里庙工业区主要为电子工业，属技术或劳动密集型企业，受冲击尤为严重，从 1990 年代中期开始，企业关停并转现象较为普遍。据统计，五里庙—梅岭片区 1990 年代中后期至 21 世纪初共有红星针织厂、搪瓷厂、无线电总厂等 15 家企业关停并转，工业空间明显收缩，单位社区人口流动性逐步加大，低收入人群开始"侵入"，企业职工下岗后多以服务业维持生计，导致单位社区人口收入结构、年龄结构、职业结构差异扩大。

（3）近郊区

该阶段居住、工业空间由外城区扩展至近郊区。随着长三角区域一体化进程的加速，对外交通条件成为工业布局的关键因素，对城市工业、居住空间格局产生了深刻影响，城市扩张从东北部五里庙工业区转向接近高速公路出入口、过江通道的西南部扬州经济技术开发区。该阶段居民收入差异扩大，引发了房地产市场需求结构的差异。在这一背景下，人居环境、服务业配套成为居住空间选择的重要考量因素。工业空间的环境负外部性，导致居住、工业空间逐步分离；而随着消费活动的日益频繁，居住—服务业空间关联度有所增强，社区级服务业逐步兴起，出现了望月路、兴城路等社区级商业街。

8.1.5　单向居住—服务业融合扩张阶段

住房体制市场化全面推进期（1999—2009 年），随着服务业特别是生产性服务业的快速发展，居住—工业空间关联在城市扩张中居于次要地位，服务业与居住空间的融合扩张成为城市发展的重要动力。在内城区，服务业空间仍位于中心位置，古城区居住空间位于外围圈层（图 8.6，①）。在外城区，居住—工业随机融合空间、相邻融合空间中的工业空间逐步萎缩（图 8.6，②、③）。在近郊区，居住—工业分离融合扩张空间作为城市工业增长极持续发展（图 8.6，④）；在城市西部边缘出现了以生产型服务业为动力的居住—服务业融合空间（图 8.6，⑤）。

该阶段，古城区居住空间、居住—工业随机融合空间以及居住—工业分离融合空间与生活性服务业空间、工业空间关联均较强，而居住—工业相邻融合空间、居住—服务业融合空间与工业空间联系相对较弱，与生活性、生产性服务业空间则保持着强联系。

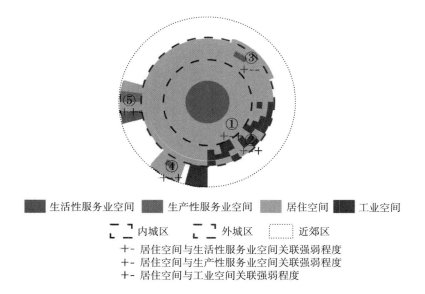

图 8.6　单向居住—服务业融合扩张阶段
注：彩图见书末。

（1）内城区

内城区仍以服务业为主，但随着近郊区工业、服务业的快速发展，人口外流日益明显，由于近郊区—内城区通勤时间较长，近郊区服务业中心逐步出现，内城服务业部分功能被取代，增长幅度趋缓。古城区居住空间由于住宅形式落后，缺乏通讯、通气等基础设施，人口老龄化现象严重。

（2）外城区

①居住—工业随机融合空间。随着市场经济体制改革的深入推进，外城区宝塔湾工业空间的土地价值逐步凸显，部分中小企业外迁至工业园区。但由于该园区主要为化工、机械等工业门类，企业职工人数较多、工业产值较大，对地方经济、社会稳定有一定影响，大型企业"退二进三"进程相对缓慢；同时，该区域工业空间密集，环境条件较差，土地价值偏低，也在一定程度影响了该片区旧城改造的进程，因此居住、工业空间仍然保持了较为紧密的关联。②居住—工业相邻融合空间。随着土地收储制度的确立，五里庙—梅岭片区旧城改造进程加快。上阶段关停并转的工业空间被收购开发，五里庙—梅岭片区区位条件优越，成为房地产开发的热点区域。新开发商品房社区与原有单位社区相互交错，形成独特的"马赛克"结构。新开发商品房社区人口的引入，推动了社区级消费市场的形成，该片区居住—工业空间关联由此转变为居住—服务业空间关联，这种关联不仅体现为商品房居住空间与服务业空间的消费关联，更体现为单位社区居民与生活性服务业之间的就业关系，通过上述联系，实现了片区空间关联关系的替代过程。

（3）近郊区

①居住—工业分离空间随着工业企业数量的增加而不断增长，两者空间关联日益强化。②服务业空间随着生产性服务业的发展而快速增长，新出现的居住—服务业融合空间发展迅速，在近郊区邗江路—文昌路一线尤为明显。该空间主要特点是生产性服务业空间、生活性服务业空间、居住空间紧密结合，居住空间与生产性服务业空间形成通勤关联，与生活性服务业空间形成消费关联。生产性服务业空间一般以写字楼形态出现，分布于主干道十字路口；生活性服务业空间一般以商业街或商业综合体形式出现，分布于大型居住空间出入口。

8.1.6　多向产城有机融合扩张阶段

2010 年后，城市进入产城融合发展阶段。在内城区，服务业空间仍位于中心位置，古城区居住空间位于外围圈层（图 8.7，①）。外城区居住—工业随机融合空间、居住—工业相邻融合空间中的工业空间继续萎缩（图 8.7，②、③）。近郊区，居住—工业分离融合空间持续发展（图 8.7，④）；居住—服务业融合空间不断转型升级（图 8.7，⑤）；在城市新产业空间则出现了产城融合的趋势（图 8.7，⑥、⑦、⑧），保障性住房成为居住空间扩张的重要动力（图 8.7，⑨）。

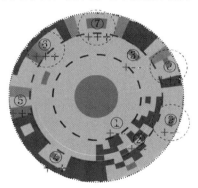

图 8.7　多向产城有机融合扩张阶段

注：彩图见书末。

古城区居住空间、居住—工业随机融合扩张空间、居住—工业相邻融合扩张空间与生活性服务业空间关联较强，与生产性服务业空间、工业空间关联变弱。外城区居住—工业分离融合空间中，居住空间与生活性服务业空间、工业空间关联均较强。近郊区，居住—服务业融合空间中，居住空间与工业空间关联较弱，与生活性、生产性服务业空间则保持强关联；新出现的产城融合空间中，居住空间与生活性、生产性服务业、工业空间保持着强关联，保障房居住空间与生活性服务业空间关联紧密，与工业空间、生产性服务业空间关联较弱。

（1）内城区

内城区生活性服务业保留购物、餐饮等高等级商服职能，而生活服务等社区级职能随着人口老龄化而逐步萎缩；由于近郊区服务业中心崛起，内城区服务业与居住空间关联度有所下降；但生活性服务业中旅游业逐步发展，历史文化街区依托旅游业实现了产业复兴。居住空间则出现显著分化，部分学区条件优、自然环境好的地段被重新开发，出现"绅士化"趋势，但学区条件一般、居住条件落后的居住空间，在生命周期作用下，人口持续老化，居住空间丧失活力。

（2）外城区

①随着城市规模扩大，外城区土地价值显著提高，居住—工业随机融合空间土地收储进程加速，居住—工业空间关联显著下降；部分老旧单位社区被重新开发，但由于土地利用破碎，城市更新速度较为缓慢；在城市更新的缓慢带动下，该区域部分新建居住空间配套了社区级服务业，居住—服务业空间关联度有所提升。②居住—工业相邻融合空间中的工业空间完全消失，由于相邻融合空间土地利用较为规整，征地拆迁难度较低，城市更新推进速度较快，"绅士化"进程加速。

（3）近郊区

①居住—工业分离空间随着工业企业数量的增加而不断增长，两者空间关联日益强化，随着居住空间入住率提高，社区级服务业空间得到显著发展。②居住—服务业融合空间在生产性服务业的带动下，关联程度持续提高。③产城融合空间得到了显著发展，出现了轴线融合、中心融合、对称融合3种产城融合形态。④随着政府对保障房建设的日益重视，在近郊区建设了大体量保障性住房，保障性住房主要居民为拆迁安置人口和低收入家庭人口，但保障性住房居民收入水平较低，周边生活配套不够完善，与服务业空间关联较弱。

8.2 居住空间与工业、服务业空间关联机理

8.2.1 宏观政策

（1）房地产制度

房地产制度指不同历史阶段居住空间供给主体差异导致空间关联变化，体现为不同居住空间供给主体在供需过程中地位和力量的差异。

1949年前，土地以私有制为主，房地产交易多在私人间进行。这一时期，城市空间建设与开发由住宅所有者自行掌控，产权所有人按经济最大化原则进行开发利用。1949年之前，扬州城市经济主要依托商服业，因此临街建筑物一般为商服

空间和手工业空间，街道内部土地价值相对较低，为居住空间。可见居住空间、工业空间、服务业空间的紧密关联主要受市场因素影响。

计划经济时期，形成了房地产管理部门直接管理与企事业单位自行管理并行的制度格局。企事业单位成为居住空间供给的主要渠道，以单位为核心的居住—工业随机融合空间由此形成。1950 年，扬州市政府颁布了《扬州市公有房地产管理办法》，规定公有房地产、依法没收敌逆产、无人管理的庵庙均为直管公产，由市政府统一管理。1956 年，中共中央批转《关于目前城市私有房产基本情况及进行社会主义改造的意见》，并于 1958 年下半年开始进行私有出租房的社会主义公有化改造，通过没收和社会主义改造，建立了住房公有制基础。1959 年，扬州市人民委员会颁布《扬州市公管房地产管理暂行办法》，明确区分了由房地产管理部门直接管理的公有房地产和间接管理的由国家机关、部队、学校、企事业单位建设的自建房地产，房地产管理部门直接管理与企事业单位自行管理并行的制度格局由此形成（表 8.2）。在这一体制下，作为社会生产主体的工业企业逐步成为居住空间开发的主要动力，从便于开发、方便管理角度，形成以工业企业为核心、居住空间围绕工业空间的布局。由于居住空间选址由各企业独立决策，因此单位社区交错布局，形成了明显的工业、居住随机扩张形态。

表 8.2 各建设主体管理的居住空间面积变化

年份	市区实有住宅建筑面积/万 m²		
	房产部门直管房	各单位直管房	私有住宅
1956	9.41	57.82	149.25
1965	71.52	101.62	92.45
1974	91.00	110.94	70.18
1979	87.33	183.21	71.48
1988	89.00	781.00	92.00

福利住房与市场化双轨制时期，居住空间由政府统一规划建设，上一阶段单位自建模式被纳入政府统一管理，政府成为居住空间供给的主要渠道。相较企业，政府更强调居住空间规模效应，以节约公共服务配套成本，以"新村式"单位社区为代表的居住—工业相邻融合、居住—工业分离融合空间由此形成。1978 年，国务院同意国家建委颁布的《关于加快城市住宅建设的报告》。1979 年，扬州市革命委员会颁布《扬州市住宅统建试行办法》《扬州市住宅经营章程》《扬州市住房自建公助办法》等政策文件，由政府统一建设分配。1983 年后，政府又将住宅统一分配制度改革为单位出资购买。政府统一开发，改变了以单位为核心的空间格局，居住空间规模明显扩大，配套设施更加齐备，以 1980 年代兴建的东花园新村为例，占地 20 余公顷，共有住宅楼 121 幢 3 005 套，可容纳居民 1.3 万人，配备了综合商店、粮店、幼儿园、储蓄所等服务设施。

住房体制市场化全面推进及调整完善期，房地产企业逐步成为居住空间的供给主体。供给主体的多元化使居民在供需环节占据主导地位，买方市场逐步形成。1988年，国务院印发了《关于在全国城镇分期分批推行住房制度改革的实施方案》（国发〔1998〕11号）后，政府采取提高房租和给予补贴等方式，促进个人买房。1998年，扬州市政府印发了《扬州市进一步深化城镇住房制度改革的实施方案》，停止住房实物分配，逐步实行住房分配货币化，标志着住房实物分配制度彻底结束。这一背景下，政府将房地产作为新的消费热点和经济增长点，投资结构不断优化，房地产企业成为居住空间的建设主体。房地产企业根据市场需求，供给多区位、多档次商品房，城市居住空间形态多样化趋势明显。同时，随着居民收入差距扩大，居住空间需求层次增多，除通勤外，环境、交通、学区也成为择居的重要考虑因素，生产空间与居住空间的融合态势出现了波动，居住—服务业融合、产城有机融合空间由此出现。

（2）税收制度

税收制度指分税制改革前后，房地产税收对地方政府在居住、服务业空间建设等方面的激励作用差异。

分税制改革之前，中国实行"统收统支"的财政体制，地方没有独立的税源，中央根据地方"事权"统一拨款。由于财政不独立，城市建设更多被地方政府视为"负担"，地方政府对城市建设的动力不足，规划滞后，居住空间发展较为缓慢。

1993年，国务院发布《关于实行分税制财政管理体制的决定》（国发〔1993〕85号），中央与地方财政收支的范围和内容更加明确，地方政府成为相对独立的经济主体，发展经济的积极性被空前调动。分税制背景下，房地产税收成为地方收入主要来源。如何使土地经济效益最大化成为地方政府面临的首要问题之一。

在土地经济效益最大化背景下，居住—服务业空间关联得到了极大提升。城市空间作为不可再生资源，市场价格并不取决于自然属性，更多由周边服务业的外部性溢出所决定。分税制改革后，地方政府对城市规划的重视程度明显提高，希望通过城市规划提升城市空间价值，为地方经济和社会发展提供财政支撑。就扬州居住空间与工业、服务业关联演化过程而言：①分税制改革前的单向居住—工业随机融合扩张、单向居住—工业相邻融合扩张时期，服务业发展异常缓慢，城市规划中服务业空间数量明显偏小，如1980年编制的《扬州市城市总体规划（1982—2000年）》中，并无单独的服务业功能区，存量服务业空间局限于内城区。②分税制改革后，服务业地位明显提升，《扬州市城市总体规划（1996—2010年）》中，在居住空间周边配建了服务业空间，以促进两者融合发展。居住—服务业空间的融合发展一方面提升了城市空间的价值，地方政府通过土地出让获得了巨大收益，另一方面，服务业的发展也为地方拓展了新的稳定税源。在之后的单向居住—服务业融合扩张时期、多向产城有机融合扩张时期，居住—服务业空间融合成为城市规划的重要内容。

（3）对外开放与全球化

对外开放与全球化对城市空间的影响集中表现为外资企业的进入，外资企业从空间扩张方向、空间形态关联、空间属性关联 3 个维度强化了产城融合。

首先，外资企业影响了城市空间扩张方向。单向居住—工业随机融合扩张、单向居住—工业相邻融合扩张时期，扬州工业企业以国有企业为主，工业原材料、商品销售市场均面向下属县市，因此城市空间布局表现出强烈的腹地扩张指向。单向居住—工业分离融合扩张时期，外资企业开始进入扬州，与国有企业不同，外资企业商品销售市场主要面向国外，扬州经济联系方向从东北腹地转向上海、苏南等地，城市西南部由于高速公路、港口等交通基础设施较为发达，与上海、苏南交流更为便捷，成为外资企业进入的热点。外资企业的进入使城市工业空间扩张方向从东北转向西南，影响了居住、服务业空间的扩张方向。

其次，外资企业使居住—工业空间形态关联更加紧密。与国有企业相比，外资企业流动性更强，与地方政府有着更强的"议价"能力，地方政府为吸引外资企业，一般提供更加优惠的条件。外资企业员工多为城市增量人口，对居住空间需求量较大。为解决员工落户问题，外资企业一般会要求地方政府配建一定数量的员工宿舍。由此，居住空间作为工业空间的配套设施而存在，加速了居住、工业空间的融合。

最后，外资企业的进入加剧了城市居民收入的分化，使居住—服务业空间关联更加紧密。外资企业的进入使城市产生了以外资企业员工为代表的高收入群体，这一群体对服务业配套有更高的要求，出现了以扬州新城西区为代表的外企高管居住区。

8.2.2　地方政府

地方政府主要从对外交通、城市规划两个方面影响居住空间与工业、服务业空间的关联关系。

（1）对外交通

对外交通是城市宏观环境的集中体现，不同产业的对外交通条件要求差异较大，地方政府通过对外交通设施布局影响城市发展方向，进而对居住空间与工业、服务业空间关联产生重大影响。1949 年以来，扬州对外主导交通方式变化较大，1978 年以前以水运为主，1979—2003 年以公路为主，2004—2017 年公路、铁路、航空多种运输方式共同发展。

①改革开放前，城市对外交通主要依赖水运，古运河两岸由于交通便利，成为工业空间集聚区，配套的单位社区也得到快速发展，导致居住空间发展呈东北—东南走向。

②1979—1998 年，市场经济体制逐步建立，城市对外互动逐渐频繁，外部交

通条件对居住空间布局影响逐步增大。随着长江三角洲一体化趋势日益明显，为加快与上海、苏南的对接，在城市西南设立以扬州经济技术开发区为代表的工业空间，配套建设扬州港、宁扬一级公路等交通基础设施。与此相对应，居住空间从东北急剧转向西南方向，新建了双桥、文汇等居住空间。

③1999—2009年，宁启铁路、润扬大桥建成通车。由于扬州站、润扬大桥等交通基础设施主要布局于城市西部，该区域成为城市扩张重点，对外联系频繁的生产性服务业在城市西部的文昌路、邗江路逐步兴起，带动了邗上居住空间的快速发展。

④2010—2017年，随着高科技产业的快速崛起，城市生产空间的对外交通要求显著提高，在高速公路出入口、高铁站等交通枢纽地区，各类产业快速发展。该时期崛起的产城融合区均位于交通节点区，如三湾片区、新城西区、第二城、蜀冈片区分别位于扬州南、扬州西、汊河、扬州北等高速公路出入口附近，河东片区不仅接近扬州东出入口，还毗邻连镇铁路扬州东站，信息产业发展十分迅速，由此带来了大量的人口集聚，推动了居住空间的发展。

（2）城市规划

城市规划对空间形态关联的影响表现在城市规划—产业政策、城市规划—社会政策的联动机制。

地方产业政策变化会导致城市用地结构的变化，进而影响空间关联的内容。单向居住—工业分离融合扩张时期，工业空间是城市扩张先导空间，居住空间关联主要指向工业空间。单向居住—服务业融合扩张时期，服务业逐步兴起，出现了以邗江路—文昌路一线为代表的新兴服务业空间，此时居住空间关联主要指向服务业空间。多向产城有机融合扩张时期，出现了工业、生产性服务业融合的趋势，城市规划布局相应进行调整，如在工业空间周边，规划了一定数量的写字楼，以适应两者融合的趋势，同时为满足工业、生产性服务业人群的生活需求，配套建设了居住空间、生活性服务业空间，从而实现了产城融合。

地方社会政策的变化带来空间关联的变化，其中以旧城改造和保障房建设较为突出。多向产城有机融合扩张时期，棚户区改造、保障房建设成为重大社会民生工程，内城区人口大量外迁至城市近郊区，由此导致空间关联内容的变化。在内城区，居住空间与服务业空间存在紧密的关联关系，旧城改造后，居民搬迁至近郊区保障房空间，对空间关联产生了两个影响：一是保障房空间居民收入水平较低，服务业POI数量、密度也相应较低，居住—服务业空间关联较弱；二是人口结构转换后，内城区实现了城市更新，由于内城区公共服务条件较好，吸引了高收入人群，服务业空间由此实现"绅士化"，出现了高档服务业空间，如咖啡馆、精品超市等，同时由于学龄人口家庭数量增多，文化教育POI数量、密度也有了明显提升[259]。

8.2.3　产业发展

不同历史时期，城市产业结构差别较大。由于各产业在要素禀赋、产业规模、环境外部性方面的明显差异，空间关联程度也有所不同。

（1）产业要素置

计划经济时期，重工业企业与轻工业企业的土地要素配置差异导致单位居住空间供给能力的差异，由此影响居住—工业空间关联关系。该时期，化工、机械、冶金等重工业企业资金实力雄厚，占地规模较大，有可能为职工提供相应的居住空间，同时重工业企业职工数量较多，可发挥单位社区规模效应，为职工提供必要的生活服务设施，解决职工的教育、医疗等问题，由此产生了居住—服务业空间的关联。而轻工业企业如电子、日用品行业，资金实力较弱，占地面积小，职工数量少，很少建设单位社区。

（2）产业竞争力

产业类型差异导致企业竞争力的差异，影响了"退二进三"进程，进而导致城市不同区域空间关联内容的差异。改革开放后，以电子、日用品行业为代表的轻工业竞争激烈，最先受到市场冲击，五里庙—梅岭轻工业企业早在 1990 年代末期就启动了"退二进三"进程。短短 10 年间，该区域完成了从居住—工业空间关联向居住—服务业空间关联的转变。宝塔湾工业区多为重工业企业，行业门槛较高，受市场冲击较晚。由于企业规模大，迁建代价高，"退二进三"进程缓慢，居住—工业空间关联仍占据主导地位。

（3）环境外部性

产业类型差异导致环境外部性差异，由此影响居住—工业空间关联关系。①化工、机械等重工业企业环境负外部性大，周边居住空间土地价值较低，住房体制市场化后，单位社区人口逐步流失，导致居住—工业空间关联逐步下降。②生产性服务业环境外部性小，随着生产性服务业就业机会的增多，人口不断流入居住—服务业融合空间，导致居住—服务业空间关联更为紧密。

8.2.4　人口结构

正如第 7 章所述，背景相似的人群在特定居住空间聚集，人口结构对居住—服务业空间属性关联更为显著，主要表现为人口的财富结构、年龄结构对居住—服务业空间属性关联的影响。其过程为：①差异化居住空间形成。在人口生命周期、建筑生命周期、外部环境（学区、生态环境）等因素的综合作用下，不同居住空间形成了差异化的物质特征、社会特征和经济特征，进而对消费者产生差异化价值，如学龄人口家庭对学区的需求、高收入人群对自然环境的需求、低收入人群对低房价需求的等。②差异化人群集聚与消费特征形成。房地产价格和消费者选择机制对人群产生过滤作用，形成了基于价格门槛的人群集聚机制，将"人—地"对应起来，如老龄人口在老旧小区的集聚，学龄人口在优质学区的集聚，高收入人群在环境优越地段的集聚等。③消费特征与服务业空间协同演化。背景相似人群在特定居住空间的集聚，导致消费特征的相对统一，进而导致服务业 POI 数量、密度、多样性特征的空间变化（图 8.8）。

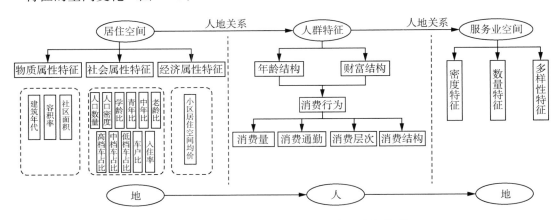

图 8.8 人口结构引致的居住—服务业空间关联

（1）人口财富结构与服务业空间关联

随着住房体制市场化进程的推进，居住空间由"职业分异"转变为"收入分异"，不同收入人群以房地产价格为门槛，形成了差异化的空间指向，进而对居住空间关联产生影响。

不同收入群体所在社区服务业 POI 空间形态、类型的差异：一是高收入群体所在社区服务业 POI 以商业综合体或游憩商业区形态存在，而中低收入群体所在社区服务业 POI 多以商业街形态存在，原因在于高收入群体所在社区服务业一般由城市规划"自觉"形成，而中低收入群体所在社区服务业一般自发形成；二是高收入人群所在社区服务业 POI 类型以休闲娱乐等服务消费为主，而中低收入群体所在社区服务业以商品消费为主，这是由两类群体消费结构的差异所决定的。

（2）人口年龄结构与服务业空间关联

人口年龄结构分异以学区指向最为明显。优越的学区条件导致学龄人口明显偏高，根据目视调查统计，高学龄比社区人流量中，学龄人口比例高达 17% 以上。高学龄比导致文化教育需求旺盛，引发文化教育 POI 的显著增多。以研究区为例，扬州中学、育才小学所在龙头关、通泗、皇宫社区（图 8.9，A），梅岭中学所在安平、邗沟社区（图 8.9，B），邗江中学所在五里、兰庄社区（图 8.9，C）文化教育 POI 较其他社区均显著偏高。

图 8.9　学龄人口与文化教育 POI 分布空间关联

8.2.5　通勤条件

通勤成本随交通工具的变化经历高—低—高的发展历程，由此影响着居住空间与工业、服务业空间的关联度。

①直至 21 世纪初，扬州居民出行以自行车为主。1985 年，扬州市区平均每百户家庭自行车拥有量为 195 辆；2000 年，该数值为 251 辆。以普通自行车正常时速 15 km、单程骑行阈值 30 分钟计算，通勤半径仅为 7.5 km。在此背景下，居民通勤时间成本较高，导致居住、工业空间较高的关联度。

②2005 年后，随着助力车逐步普及，居民通勤距离有了极大提升，通勤成本有所下降。2009 年，每百户家庭电动自行车拥有量为 101.5 辆，家用汽车拥有量为 8.5 辆，该时期也是居住空间和工业空间关联度最弱的时期，两者热点距离达 5.8 km。

③2017 年，研究区家用汽车拥有量急速提升，每百户家庭家用汽车拥有量达 33.4 辆，城市拥堵现象加剧。据《2016 年度中国主要城市交通分析报告》显示，研究区拥堵指数全国排名第 47 位。在此背景下，家用汽车等快速交通工具并未能彻底缓解通勤问题，两者关联度再次提升。

8.3 基于空间关联的产城融合问题区域诊断与优化路径

空间关联薄弱是产城分离的直接动因，根据居住空间与生活性服务业空间、生产性服务业空间、工业空间的关联过程和关联强度，对产城融合问题区域进行分析。

根据产城关联关系，将城市空间分为 3 类。一是有城无产类。居住、生活性服务业等生活空间过剩，与生产性服务业、工业等生产空间不相匹配，问题多发于古城区（图 8.10，①）、居住—工业相邻融合（图 8.10，③）、居住—服务业融合（图 8.10，⑤）、保障房（图 8.10，⑨）4 个空间类型。二是有产无城类。生产性服务业、工业等生产空间过剩，与居住、生活性服务业等生活空间不相匹配，问题多发于居住—工业随机融合（图 8.10，②）、居住—工业分离融合（图 8.10，④）2 个空间类型。三是产城平衡类。主要指产城融合（图 8.10，⑥、⑦、⑧）空间类型。其中有城无产、有产无城是产城融合的问题区域。

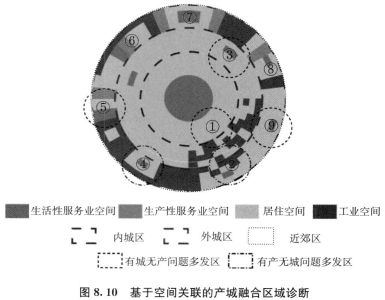

图 8.10 基于空间关联的产城融合区域诊断

注：彩图见书末。

8.3.1 有城无产多发区及优化路径

1）古城区空间

（1）主要问题

①产业空心化。产业空心化是古城区主要问题之一。以扬州为例，扬州古城区形成于明清时期，1949 年之前以服务业和手工业为主，其中手工业于计划经济时

期外迁，与工业空间关联度下降。改革开放后，古城区服务业地位下降：一是由于古城区生产性服务业缺乏实体经济支撑，发展较为缓慢；二是社区级生活性服务业随人口逐步迁移至外城区、近郊区，古城区仅保留高等级商品和服务业中心，生活性服务业也逐步空心化。

②人口老龄化，居住空间缺乏活力。通过目视调查法，对古城区人流量中的老龄人口进行统计：古城区学龄比 11.18%，青年比 13%，中年比 34.53%，老龄比为 41.29%，属超老龄社会空间。人口老龄化带来劳动力不足、消费能力下降等诸多问题，加剧了产业空心化。

③居住条件恶化。古城区成型于明清时期，除文物保护单位外，大部分为修建于 20 世纪 80 年代中期的独门院落，房型老旧，厨卫设施配套不足，对外部人口吸引力较低。

（2）优化路径

①推动以旅游业为代表的现代服务业发展。目前，许多学者对"旧城更新"问题进行了深入的研究，提出了有机更新理论[260]、系统更新理论[261]、文化更新理论[262]、社会更新理论[263]。上述理论对古城区产业复兴有着极大的启示意义，以扬州为例，扬州古城区旅游资源丰富，如东关街、南河下等，但存在文化深度不够、空间体量较小、旅游产业链不长等问题，通过政府收购，将破旧的古城区住宅改造为博物馆、民宿等文化旅游设施，一是增加了文化旅游的深度和厚度，二是拉长了旅游产业链，增加就业岗位，推动了古城区中青年人口的再集聚。

②推动古城区传统民居的现代化改造，改善人居环境。人口流失是古城区产业空心化的重要原因，人口结构严重老龄化导致的消费不振、服务业外迁等问题，可通过收购或置换传统民居，进行居住配套设施改造，使之成为有"准别墅"性质的高档住宅，充分发挥古城区人文环境、学区等诸多优势，推动居住空间人口置换，加快消费转型升级，实现生活性服务业的回归。

2）居住—工业相邻融合空间

（1）主要问题

①该片区以生活性服务业为主，产业结构单一。该片区工业空间主要为轻工企业，"退二进三"难度较低，片区空间关联类型由居住—工业转变为居住—服务业，由此导致片区开发以居住空间为主，生产空间布局较少，城市功能较为单一。

②空间隔离问题较为严重，呈"马赛克"空间形态。该区域社会空间呈典型"马赛克"形态，商品房社区与单位社区间杂分布，空间分异明显，存在阶层隔阂。

（2）优化路径

①该片区区位条件优越，但房型老旧，基础设施配套落后，导致单位社区住房价格相对较低，成为不少新落户人口租房、购房的首选区域，起到了新落户人口"缓冲区"的作用，年龄结构中的青年比相对较高。该片区应进一步完善基础设施

条件，特别是通过建设快速路降低与生产空间的通勤成本，放大单位社区居住空间的"缓冲效应"，保持对青年人口的吸引力。

②加强居住空间的社会融合，实现多阶层协同发展。一是加快"老破小"单位社区的环境改造，提供更加丰富的公共服务设施，实现公共服务均等化，提升单位社区居民的自我发展能力；二是通过建设开放式社区，使封闭的"马赛克"边界逐步开放；三是强化社区组织职能，通过组织各类社区活动，使不同阶层人群相互交流，加深理解，从心理层面消除阶层隔阂。

3）居住—服务业融合空间

（1）主要问题

主要问题在于生产性服务业发展相对滞后，居住空间单一发展，产业功能不足。中小城市相对于大城市，工业基础薄弱，生产性服务业发展先天不足，"高铁新城""科技新城"等新产业空间入住率不高，导致片区居住空间入住率也相对较低。以扬州市新城西区为例，本书在人流量调查中，曾计算人户比指标，该指标含义在于测算小区居住空间单向人流量与小区居住空间户数的比例，根据该比例可大致推断居住空间入住率。研究区人户比均值为52.48%，而新城西区商品房小区人户比均值仅为22.30%；与此相对，在产城融合较好的第二城片区，人户比均值相对较高，达31.79%（表8.3）。人户比偏低，不仅造成了土地资源的巨大浪费，也对住房有效需求造成了挤压。因此，产城融合较好的区域一般有着旺盛的有效需求，这种有效需求源于区域产业的充分发展。

表 8.3 新城西区、第二城片区小区居住空间人户比

片区	小区名称	人户比/%	片区	小区名称	人户比/%
新城西区	华鼎新城	18.45	第二城	新港名兴花园	38.78
	阳光美第	15.96		星联邦	39.81
	万豪西花苑	38.09		金域蓝湾	27.66
	京华城荟景苑	14.26		骏和玲珑湾	31.49
	天和国际	24.73		绿景城	21.22

（2）优化路径

①应重点发展与城市能级、优势相匹配的生产性服务业。生产性服务业是一个非常广泛的概念，不仅包括技术研发，也包括诸如电子商务、信息服务等相对低端的生产性服务业。以扬州为例，江苏信息服务产业基地不仅包括软件技术研发，也包括呼叫服务、电子地图制作等中低端生产性服务业。该类服务业属劳动密集型，行业收入较低，适合生活成本较低的中小城市。

②加快路网建设，压缩居住空间与现有生产空间的通勤成本，通过吸引人口，使片区通勤更加低碳、高效。

4）保障房空间

（1）主要问题

①公共服务配套薄弱，交通不便。以扬州为例，研究区保障房空间较为集中的竹西、汉河距离市中心均在 6 km 以上，周边公共服务、生活性服务业配套相对薄弱。

②就业率低，老龄化程度高。根据目视调查法，保障房空间平均学龄比12.14%，青年比 23.18%，中年比 34.43%，老龄比 30.25%。不同保障房空间人口结构差异较大，2010 年之前建设的保障房空间由于公共服务设施相对薄弱，对青年人口吸引力低，老龄化程度严重，如竹西片区的月明苑、三星花园，老龄比达 39.63%。

（2）优化路径

①在保障房空间附近配套工业空间，形成较为紧密的产城关联关系。将竹西、三湾片区进行对比，两片区都是保障房空间集聚区，但三湾片区附近有扬州经济技术开发区、扬州食品工业园等工业空间，因此三湾片区居民不仅包括低收入群体，也包括工业企业员工，与竹西片区相比，青年比达 30.32%，老龄比则降低至33.15%，就业率明显提高，社区活力明显增强。

②进一步强化保障房空间的配套水平。与商品房社区相比，保障房空间人口老龄化较为严重，低收入群体多，导致生活性服务业配套不足，影响生活品质的提升，政府应适度规划部分与保障房空间相配套的生活性服务业空间，提升居民居住质量[264]。

8.3.2　有产无城多发区及优化路径

1）居住—工业随机融合空间

（1）主要问题

①产业结构单一，区内化工、机械等重工业企业竞争力不强，工业空间衰落明显，生产性服务业发展较为缓慢。

②随机融合单位社区所在区域多为化工、机械等重工业企业，土地利用破碎，"退二进三"成本高，城市更新速度较为缓慢。

③生活性服务业配套落后，商服设施前期投入较大，土地再开发周期较长，投资风险高。

（2）优化路径

①通过土地收储或工业企业入股开发等形式，加快化工、机械等重工业企业"退二进三"步伐，改善周边人居环境，提升土地价值。

②加快生产性服务业布局，通过服务业发展替代原有工业空间的产业职能。以扬州宝塔湾工业区为例，宝塔湾工业区历史古迹由于历经 20 世纪 50 年代的工业建

设，旅游资源遗存较少，但宝塔湾工业区毗邻扬州大学、扬州经济技术开发区，周边科教、产业资源较为丰富，区位优势明显。可将科技资源、工业资源、文化资源有机结合，发展文旅、工业研发综合体，如结合大运河文化带，围绕文峰寺历史遗存，建设大运河国家文化公园，开展文化创意资源开发，实现区域产业功能的跃升。

2）居住—工业分离融合空间

（1）主要问题

居住空间、生活性服务业等生活空间布局不足，工业空间缺乏活力，职工通勤成本较高。

（2）优化路径

①打造以单位为核心的通勤圈（图 8.11）。柴彦威的"新单位主义"打造了以居住空间为核心的通勤空间，参照该理论，以居住空间为核心，根据空间关联差异将城市空间分为日常生活圈、通勤活动圈、城市生活圈，其中坐标轴上部为通勤出行，坐标轴下部为消费出行[164]。日常生活圈指通勤时间在 5 分钟以内的时空范围，通勤方式以步行或自行车为主，完成居住活动、日常购物、社区交往、体育等生活性事务，可布置与居住空间关联较为紧密的运动休闲、生活服务、餐饮美食等社区级服务业。第二圈层为通勤时间在 15 分钟以内的通勤活动圈，通勤方式以电动助力车为主，可布置与居住空间关联中等紧密的医疗卫生、文化教育、金融服务等区级服务业；15 分钟范围内，工业空间对居住空间影响较小，可布置环境污染较弱的工业空间和生产性服务业空间。第三层为通勤在 30 分钟以内的城市生活圈，主要以地铁、汽车通勤方式为主，可布置与居住空间联系较弱的购物、宾馆酒店等市级服务业。日常生活圈、通勤活动圈作为生活圈的核心范围，可布置为轴线型产城融合、中心型产城融合和对称型产城融合 3 种具体形态。

②打造以社区为核心的文化融合圈。产城融合不仅在于空间融合，还在于通过机制建构，实现文化融合。参照"新单位主义"做法，通过制度建设，增强地方感，建设促进居民公共参与和社会交往的新型社区。直至 21 世纪前，中国居住空间仍在相当程度上保留着计划经济时代的"单位社区"，"单位社区"固然有计划经济带来的封闭、僵化等种种弱点[265]，但不可否认的是，单位社区促进了居民交往和心理归属感的形成，社区管理和居民活动参与度更高。因此，可结合"单位"社区优点开展"新单位社区"建设尝试：一是由工业企业建设定销房，将住宅使用权销售给企业职工，并设定相应的使用年限，以增强企业员工的忠诚度和归属感，如美国 Facebook 公司（现 Meta 公司）在硅谷的 Menlo 园区建造自己的企业社区（Anton Menlo），将其作为公司的福利补贴租赁给员工，帮助员工应对硅谷房价高涨、租房困难、交通拥堵及就近通勤。社区距公司只需 5 分钟，各项配套齐全，使公司员工能够自由交流、分享信息，从而创造出企业"学院"氛围；二是企业参与社区建设，如组织社区活动、为社区公共设施建设提供必要的资金支持，从而将企

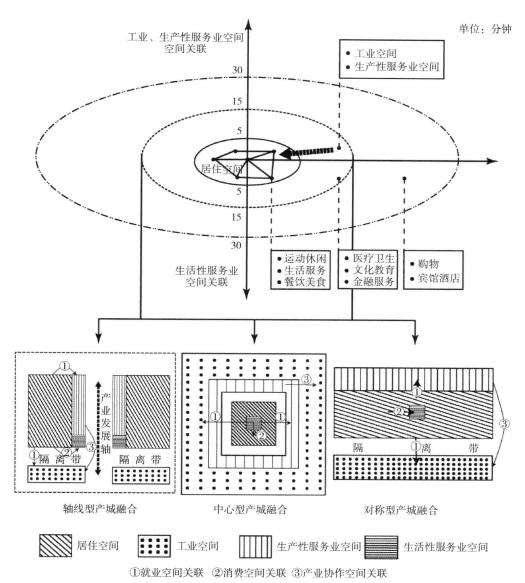

图 8.11　产城融合通勤圈及其微观形态

业文化渗透至员工生活之中[177]，有利于企业归属感的提升。

　　③打造以优质公共服务机构为核心的公共服务共享圈。以学区为例，学区质量不均是阻碍产城融合的重要原因，对人口空间分布有着极大影响。研究区重点中小学如育才小学、汶河小学集中分布于内城区，导致内城区学龄比相对较高。但近郊区的产城融合空间学区条件仍较为薄弱，因此青年职工购置新房时，出于教育因素，多选择内城区居住空间，既增加了通勤成本，也对内城区人口疏散产生不利影响。

8.4　本章小结

本章对居住空间与工业、服务业关联演化过程及强度变化进行了总结；分析了居住空间与工业、服务业空间关联机理；从空间关联角度，对产城融合问题区域进行了诊断，提出了优化路径。主要结论包括：

①居住、服务业、工业关联过程可分为6个演化阶段：混融同心圆形态、单向居住—工业随机融合扩张、单向居住—工业相邻融合扩张、单向居住—工业分离融合扩张、单向居住—服务业融合扩张、多向产城有机融合扩张。

②居住、服务业、工业关联机理。房地产制度、税收制度、对外开放与全球化等宏观政策因素，对外交通、城市规划等地方政府行为，产业要素禀赋、产业竞争力、环境外部性等产业发展因素，财富结构、年龄结构等人口结构因素，通勤条件因素，共同推动了居住、工业、服务业空间扩张方向、空间形态和空间属性关联的变化。

③根据关联关系将产城融合问题分为有城无产、有产无城两类：有城无产问题多发于古城区空间、居住—工业相邻融合空间、居住—服务业融合空间、保障房空间；有产无城问题多发于居住—工业随机融合空间、居住—工业分离融合空间。空间融合、文化融合、公共服务共享是产城融合的主要路径。

第 9 章　研究结论与展望

9.1　研究结论

　　城市居住空间结构是城市地理学的经典课题，不少学者通过对中国城市的实证研究，提出了"圈层"[145] "圈层＋扇形"[266] "圈层＋扇形＋组团"[125]等多种模式。但对处于工业化、信息化进程中的中国而言，不仅需要关注居住空间结构本身，更要从中长时间跨度研究工业化、信息化与城镇化的空间关联关系。居住空间、工业空间、服务业空间作为城镇化、工业化、信息化的载体，理顺三者关联脉络、揭示三者关联机理、提出三者融合路径，对提高城市运行效率、提升人民幸福感、促进城市核心竞争力的形成具有重要的理论和现实意义。

　　基于此，本书通过分析扬州市居住空间 2017 年物质、社会和经济属性结构，及中华人民共和国成立前、计划经济时期、福利住房与市场化双轨制时期、住房体制市场化全面推进期、住房体制市场化调整完善期 5 个阶段居住空间演化过程，揭示了居住空间与工业空间、服务业空间的关联过程和机理，实现了"一元"居住空间结构向"多元"空间关联研究的转变，为产城融合提供了理论基础。

9.1.1　居住空间现状及特征

　　居住空间是产城融合研究的切入点。居住空间不仅通过居民的通勤、消费行为分别关联着工业、服务业空间，而且包含物质、社会、经济 3 个层面，能够从多层次反映三者之间的关联关系。因此，本书基于 2017 年社区尺度数据，从物质、社会、经济三个层次，对居住空间进行了空间分异分析，主要结论如下：

　　①古城区位于内城区，空间结构形成于明清时期。古城区以独门院落形式为主，人口老龄化较为严重，居民收入相对较低。但公共服务特别是学区条件较好、房龄较新的社区"绅士化"现象明显，学龄人口比例明显提升，社区的"绅士化"和学龄人口的集聚带动了古城区高端服务业的复兴和文化教育服务业的兴起，并未

出现欧美城市普遍存在的"中心空洞"现象。古城区物质、社会、经济特征的形成主要受人口生命周期作用影响。

②单位社区形成于计划经济或双轨制时期，多位于外城区，一般围绕企事业单位周边分布，多为低层或多层住宅。单位社区户型小、租金低，公共服务条件较为完备，成为外来务工人员落户的重要"中转站"，人口结构较为复杂。单位社区特征既是生命周期作用的结果，也与单位性质明显关联。

③商品房社区主要形成于 1998 年住房制度改革之后，多分布于近郊区，以近年来开发的新城最为密集，以多层和中高层住宅为主。商品房社区人群分化较其他类型居住空间更为剧烈。城市规划及公共服务设施建设对商品房社区特征形成起关键作用。

④保障房社区以 2000 年为界，早期保障房社区以多层为主，多分布于单位社区外侧，2010 年后新建设的保障房社区以中高层建筑为主，多位于近郊区，以组团形式分布。不同保障房社区人口结构差异较大，2000 年之前建设的保障房社区老龄化程度严重；之后建设的保障房社区与生产空间融合较为紧密，青年人口占比显著提高。保障房社区作为城市发展战略的实施工具，起到土地开发的先导作用。

9.1.2　居住空间演化过程及特征

与工业、服务业空间相比，居住空间更新缓慢，更完整保留了三类空间相互作用的历史"印记"。因此，居住空间具备从中长期跨度开展空间关联研究的基础条件。通过居住空间的中长期演化研究，发现不同历史阶段居住空间的发展速度、演化方向有巨大差异，这种差异与各时期居住空间关联变化高度契合，一方面说明空间关联是居住空间演化的重要动因，也说明从城市"一元"居住空间结构向"多元"空间关联研究的合理性。

①居住空间经历了中华人民共和国成立前（1556—1948 年）、计划经济时期（1949—1978 年）、福利住房与市场化双轨制时期（1979—1998 年）、住房体制市场化全面推进期（1999—2009 年）、住房体制市场化调整完善期（2010—2017 年）5个时期的演化过程，各时期经济、社会背景对居住空间的格局、形态产生了显著影响。

②居住空间数量变化。中华人民共和国成立前、计划经济时期居住空间数量增长较慢；改革开放后的福利住房与市场化双轨制时期居住空间数量迅速增长，至住房体制市场化全面推进期达到峰值；住房体制市场化调整完善期，随着城市人口流入增幅趋缓，老龄化程度加深，居住空间数量出现了增幅趋缓的态势。

③居住空间演化方向。中华人民共和国成立前，居住空间扩张处于低水平均衡状态，无明显方向性；计划经济时期，在工业空间扩张的带动下，居住空间扩张表现为强烈的交通区位指向，城市居住空间转变为非均衡发展；福利住房与市场化双

轨制时期，工业空间对居住空间演化发挥着举足轻重的作用，但高速公路、港口等现代交通方式使居住空间演化方向发生了明显变化；住房体制市场化全面推进期，随着服务业的快速崛起，服务业空间指向对居住空间演化影响明显，与上海、苏南交通更为便捷的城市西区成为居住空间演化热点；住房体制市场化调整完善期，居住空间演化动力多元化，演化方向趋向均衡。

④居住空间演化主导动力。居住空间演化主导动力转换与产业结构转型同步，两者存在紧密的时空对应关系。中华人民共和国成立前服务业是居住空间演化的主导动力；计划经济时期、福利住房与市场化双轨制时期，工业在国民经济结构中占据主导地位，居住空间与工业空间保持着紧密的"跟随"演化关系；住房体制市场化全面推进期，服务业成为城市主导产业，居住空间演化动力转变为服务业空间；住房体制市场化调整完善期，随着生产性服务业与工业深度融合，居住空间演化主导动力日趋多元，出现了多产业共同主导的产城融合空间形态。

⑤居住空间与生产空间融合形态。中华人民共和国成立前，居住空间与服务业、手工业空间高度融合，"前店后坊"成为三者融合的典型形态；计划经济时期、福利住房与市场化双轨制时期，居住空间与工业空间融合较为紧密，单位社区快速发展；住房体制市场化全面推进期，居住空间与工业空间日渐疏离，与服务业空间紧密融合；住房体制市场化调整完善期，工业企业中，高科技企业占比增大，工业空间负外部性下降，居住空间与工业空间、生产性服务业空间等产业空间融合趋势明显。

9.1.3　居住空间与工业空间关联格局

1949 年后，中国众多城市经历了快速工业化；改革开放后，伴随着工业化进程的加速，作为工业化载体的开发区更是对城市空间演化产生了重大影响。作为中国城市发展的核心动力，不同历史时期工业空间与居住空间的关联演化是空间关联研究的首要问题。与服务业空间相比，工业空间占地规模大、空间边界较为清晰，两者主要表现为空间扩张方向、空间形态关联。主要结论如下：

①空间扩张方向关联。工业空间扩张对居住空间扩张有较大影响，改革开放前，两者方向关联度更高；改革开放后，两者扩张方向逐渐分离；工业空间扩张速度快于居住空间扩张，这是由于"用地"是工业扩张的核心问题，除对外交通条件要求较高，工业空间受限较少，而居住空间是系统扩张，受环境条件、公共服务配套等多重因素影响，有一定滞后性。改革开放以来，大量国有企业被兼并、破产、重组，计划经济时期形成的工业区"空心化"，一定程度加速了工业空间中心的移动。

②空间形态关联。居住—工业空间关联形态表现为中华人民共和国成立前的混融同心圆形态、计划经济时期的单向居住—工业随机融合扩张形态、福利分房与市

场化双轨制前期的单向居住—工业相邻融合扩张形态、福利分房与市场化双轨制后期的单向居住—工业分离融合扩张形态、住房体制市场化全面推进期的单向居住—服务业融合扩张形态、住房体制市场化调整完善期的多向产城有机融合扩张形态，总体表现为融合—相邻—相离—再融合的演化趋势。

9.1.4　居住空间与服务业空间关联格局

服务业是 1949 年前中国众多城市的核心产业和核心职能，随着产业转型升级，未来服务业还将在城市发展过程中发挥着更加重要的作用。因此，不同历史时期居住—服务业空间关联演化及机理揭示是空间关联研究的重要问题。与工业空间不同，服务业空间占地规模小、与居住空间兼容性较高，与居住空间的关联除空间扩张方向外，更多体现为空间属性关联。主要结论如下：

①空间扩张方向关联。计划经济时期（1949—1978 年），居住—服务业空间关联度不高；福利住房与市场化双轨制时期（1979—1998 年），居住—服务业空间关联度有所提升，但关联方向不明显；住房体制市场化时期（1999—2017 年），居住—服务业空间关联方向协同性提升，但服务业空间中心移动较居住空间存在时滞效应。

②空间属性关联。基于目视调查等方法获取了研究区小区居住空间的物质、社会、经济特征数据，并将之与服务业 POI 数量、密度、多样性指标进行关联分析。研究发现社区居住空间 15 个指标中，建筑年份、人口数量、年龄结构为主关联因子：建筑年份与服务业 POI 数量、密度呈单调负相关关系，与服务业 POI 多样性指数呈倒 U 形负相关关系；人口数量与服务业 POI 数量、密度、多样性指数呈正相关关系；年龄结构中，中年比与服务业 POI 数量呈正相关关系，青年比与服务业 POI 密度呈负相关关系，老龄比与服务业多样性指数呈负相关关系。

9.1.5　居住空间关联演化与产城融合优化路径

通过对居住空间时空演化及其与工业、服务业空间的关联研究，归纳总结一般性结论，包括 3 个层面：一是划分了中国城市居住、工业、服务业空间关联的演化阶段；二是揭示了三类空间的关联机理；三是诊断了产城融合问题，提出了优化路径。通过三个层面的归纳，完成了现象—机理—对策的一般性总结，主要结论如下：

①居住、服务业、工业关联过程可分为 6 个演化阶段：混融同心圆形态、单向居住—工业随机融合扩张、单向居住—工业相邻融合扩张、单向居住—工业分离融合扩张、单向居住—服务业融合扩张、多向产城有机融合扩张。

②居住、服务业、工业关联机理。房地产制度、税收制度、对外开放与全球化

等宏观政策因素，对外交通、城市规划等地方政府行为，产业要素禀赋、产业竞争力、环境外部性等产业发展因素，财富结构、年龄结构等人口结构因素，通勤条件因素，共同推动了居住、工业、服务业空间扩张方向、空间形态和空间属性关联的变化。

③根据关联关系将产城融合问题分为有城无产、有产无城两类：有城无产问题多发于古城区空间、居住—工业相邻融合空间、居住—服务业融合空间、保障房空间；有产无城问题多发于居住—工业随机融合空间、居住—工业分离融合空间。空间融合、文化融合、公共服务共享是产城融合的主要路径。

9.2　主要创新点

（1）以微观社区的物质、社会、经济多层次视角，提高了研判的精度

现有居住空间研究高度依赖基于行政单元的人口普查数据，研究尺度以街道（乡镇）为主。由于居住空间演化更多受微观条件影响，街道（乡镇）尺度研究难以精确测度居住空间与其他空间的关联过程。

本书采用目视调查法，历时 1.5 年，搜集了小区居住空间的物质、社会和经济特征数据，形成了基于微观尺度的建筑年份、容积率、年龄结构、财富结构、通勤结构指标体系，对古城区、单位社区、商品房社区、保障房社区 4 类居住空间进行了更加精确的分析。意义在于：①基于社区尺度，分析了居住空间的物质、社会和经济结构。②对国内学界提出的"学区中产阶层化"（jiaoyufication）等概念予以统计证实[216]。③为居住—工业、居住—服务业空间关联研究提供了微观统计变量。

（2）构建了产城融合理念下的分析框架，细化了产城空间关联类型

由于社区尺度居住空间的物质、社会、经济特征分析不够充分，居住空间与工业、服务业空间关联研究缺乏空间形态、空间属性层次。

本书将"产""城"概念分别细化为"工业空间、生产性服务业空间"和"居住空间、生活性服务业空间"。在此基础上将居住空间关联分解为空间扩张方向关联、空间形态关联、空间属性关联，居住、工业空间主要表现为空间扩张方向关联、空间形态关联；居住、服务业空间主要表现为空间扩张方向关联、空间属性关联，构建了城市空间关联理论框架。

（3）融合多方法空间关联，拓展了地理学方法论研究

现有空间关联测度一般适用于宏观尺度，微观尺度测度方法的缺失，导致居住空间关联研究集中于指标体系评价，缺乏机理分析。

本书创新了适用微观关联测度的蜂巢网格法，借鉴了中心距离法、地理加权回归模型法，使居住—工业空间、居住—服务业空间关联测度推进至微观层次。①通过中心距离法测度城市不同类型空间扩张方向关联。②通过蜂巢网格法，测度居住—工业空间形态关联。③通过将服务业空间数量、密度、多样性与居住空间的物

质、社会和经济特征建立地理加权回归模型，揭示两者属性关联机理。

9.3 研究展望

①进一步强化居住—生产性服务业空间关联研究。在特大城市，以互联网为代表的生产性服务业已成为城市产业转型升级的重要驱动力，以科技综合体为载体的生产性服务业对城市居住空间扩张发挥着越来越重要的作用。但作为中等城市的扬州，生产性服务业发展相对缓慢，空间扩张驱动力仍以工业为主，不具有典型性。未来要以特大城市为研究对象，研究生产性服务业对城市空间扩张的关联作用。

②进一步扩展研究视野，开展对大城市、特大城市的居住空间研究。囿于时间和精力限制，本书以历史文化名城扬州作为中等城市的代表开展研究。但特大城市作为巨系统，更能发挥地理学综合研究优势。下一步应将研究视野扩展至上海、南京等特大城市，形成中等城市—大城市—特大城市完整研究序列，提取符合中国国情的居住空间关联模式和产城融合方案。

附 录 A

表 A1 研究区各时期历史地图名录（明—1980 年代）

序号	地图名称	地图类型	绘制时间	绘制者	绘制方法	收藏者	建成区面积/km²
1	扬州府图说	山川地形图	明万历二五年（1597 年）	—	山川基准图	镇江市博物馆	—
2	运河图·扬州局部	水利图	清康熙四十一年（1702 年）	—	山川基准图	英国大英博物馆	—
3	扬州府城池图	城市街巷图	清嘉庆十四年（1809 年）	《清嘉庆重修扬州府志》附图绘制者	山川基准图	扬州市档案馆	—
4	淮扬沟洫围图·江都县甘泉县	水利图	清嘉庆二十四年（1819 年）	—	山川基准图	扬州市档案馆	—
5	扬州府城图	城市街巷图	清同治年间（年份不详）	《扬州城乡建设志》插图绘制者	山川基准图	扬州市档案馆	—
6	江都甘泉县治图	城市街巷图	清光绪七年（1881 年）	尚兆山	记里画方	扬州市城建档案馆	—
7	扬州府城图	交通地形图	清光绪十年（1884 年）	—	山川基准图	扬州市城建档案馆	—
8	扬州城市简要图	旅游图	民国五年（1916 年）	扬州志成印书馆	山川基准图	杨丰和	—
9	江都县城厢图	旅游图	民国十年（1921 年）	淮扬徐海四属平剖面测量局	平板仪测图	扬州市城建档案馆	—
10	扬州城市图	旅游图	民国十二年（1923 年）	徐青云斋印刷馆	平板仪测图	顾希林	—
11	扬州城城厢图	城厢图	民国十五年（1926 年）	徐青云斋印刷馆	平板仪测图	扬州市城建档案馆	—
12	江苏扬州城营建计划图	城厢规划图	民国三十四年（1945 年）	江都县政府	平板仪测图	江苏省档案馆	—
13	扬州城厢图	军事地图	1950 年	苏北军区司令部参谋处	平板仪测图	扬州市档案馆	6.74
14	扬州市市区图	市县图	1952 年	扬州市人民政府建设科	平板仪测图	扬州市城建档案馆	7.65
15	扬州市城区图	市区图	1957 年	扬州市人民委员会建设科	平板仪测图	扬州市城建档案馆	8.74
16	扬州市市区图	市区图	1964 年	扬州市人民委员会建设科	平板仪测图	扬州市城建档案馆	12.2
17	扬州市地名图	地名图	1982 年	扬州市地名办公室	平板仪测图	扬州市城建档案馆	17.00

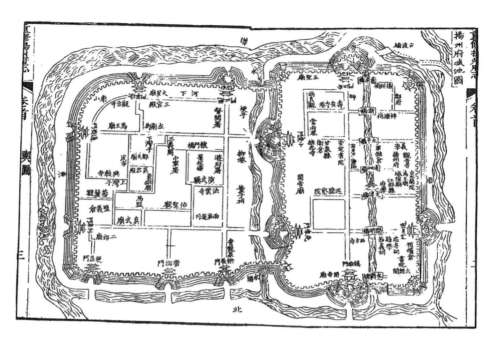

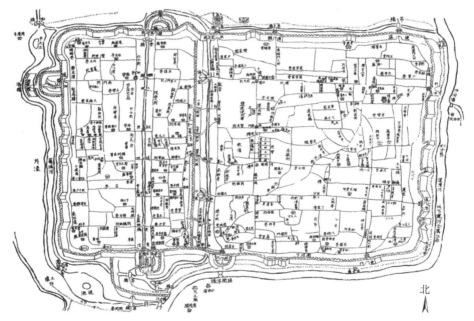

图 A1　研究区代表性历史地图

注：上图为《清嘉庆重修扬州府志》所附《扬州府城池图》，下图为《清同治扬州府城图》。

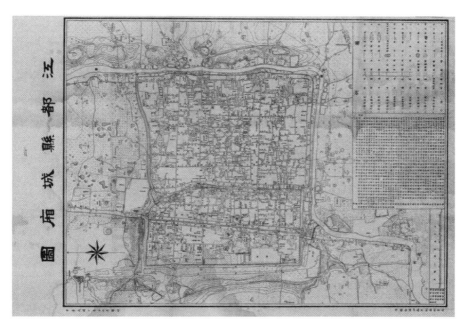

图 A2 研究区代表性历史地图

注：左图为民国十年(1921 年)《江都县城厢图》，右图为 1964 年《扬州市市区图》。彩图见书末。

附 录 B

表 B1 小区居住空间行人计数表

小区名称：　　　　　　　　　　　　　　　　　　　　　　时间段：

行人	性别	进(出)	年龄	行人	性别	进(出)	年龄	行人	性别	进(出)	年龄	行人	性别	进(出)	年龄	行人	性别	进(出)	年龄	行人	性别	进(出)	年龄
1				44				87				130				173				216			
2				45				88				131				174				217			
3				46				89				132				175				218			
4				47				90				133				176				219			
5				48				91				134				177				220			
6				49				92				135				178				221			
7				50				93				136				179				222			
8				51				94				137				180				223			
9				52				95				138				181				224			
10				53				96				139				182				225			
11				54				97				140				183				226			
12				55				98				141				184				227			
13				56				99				142				185				228			
14				57				100				143				186				229			
15				58				101				144				187				230			
16				59				102				145				188				231			

续表

行人	性别	进(出)	年龄	行人	性别	进(出)	年龄	行人	性别	进(出)	年龄	行人	性别	进(出)	年龄	行人	性别	进(出)	年龄	行人	性别	进(出)	年龄
17				60				103				146				189				232			
18				61				104				147				190				233			
19				62				105				148				191				234			
20				63				106				149				192				235			
21				64				107				150				193				236			
22				65				108				151				194				237			
23				66				109				152				195				238			
24				67				110				153				196				239			
25				68				111				154				197				240			
26				69				112				155				198				241			
27				70				113				156				199				242			
28				71				114				157				200				243			
29				72				115				158				201				244			
30				73				116				159				202				245			
31				74				117				160				203				246			
32				75				118				161				204				247			
33				76				119				162				205				248			
34				77				120				163				206				249			
35				78				121				164				207				250			

续表

行人	性别	进（出）	年龄	行人	性别	进（出）	年龄	行人	性别	进（出）	年龄	行人	性别	进（出）	年龄	行人	性别	进（出）	年龄	行人	性别	进（出）	年龄
36				79				122				165				208				251			
37				80				123				166				209				252			
38				81				124				167				210				253			
39				82				125				168				211				254			
40				83				126				169				212				255			
41				84				127				170				213				256			
42				85				128				171				214				257			
43				86				129				172				215				258			

注："男"以"1"表示，"女"以"0"表示；"进"以"√"表示，"进"以"√"表示；0～18岁以"1"表示，19～35岁以"2"表示，36～59岁以"3"表示，60岁以上以"4"表示。

表 B2　小区居住空间车辆计数表

小区名称：　　　　　　　　　　　　　　　　　　　　时间段：

车辆	进（出）	档次	车辆	进（出）	档次	车辆	进（出）	档次	车辆	进（出）	档次
1			44			87			130		
2			45			88			131		
3			46			89			132		
4			47			90			133		
5			48			91			134		
6			49			92			135		
7			50			93			136		
8			51			94			137		
9			52			95			138		
10			53			96			139		
11			54			97			140		
12			55			98			141		
13			56			99			142		
14			57			100			143		
15			58			101			144		
16			59			102			145		
17			60			103			146		
18			61			104			147		
19			62			105			148		
20			63			106			149		
21			64			107			150		
22			65			108			151		
23			66			109			152		
24			67			110			153		
25			68			111			154		
26			69			112			155		
27			70			113			156		
28			71			114			157		
29			72			115			158		

车辆	进(出)	档次	车辆	进(出)	档次	车辆	进(出)	档次	车辆	进(出)	档次
30			73			116			159		
31			74			117			160		
32			75			118			161		
33			76			119			162		
34			77			120			163		
35			78			121			164		
36			79			122			165		
37			80			123			166		
38			81			124			167		
39			82			125			168		
40			83			126			169		
41			84			127			170		
42			85			128			171		
43			86			129			172		

注："进"以"√"表示；高档车以"（a）"表示，中档车以"（b）"表示，低档车以"（c）"表示。

附录 C

表 C1　目视调查法地点名录

街道（乡镇）	社区（村）	目视调查小区名称
汶河街道	常府社区	育才小学汶河路*
	荷花池社区	安墩新寓、荷花池小区、裴庄*、苏农一村、中江嘉荷苑
	皇宫社区	皇宫花园、万家福汶河*、万家福盐阜路*
	旌忠寺社区	文昌百汇汶河路*
	龙头观社区	南门街小区、秦淮花苑
	石塔社区	广陵区政府汶河路*、淮海路机关大院、集贤小区、石塔北苑
	树人苑社区	江凌花园、石塔桥南新村
	四望亭社区	十八湾小区、四望亭社区*、桃园新村
	通泗社区	朝阳苑
东关街道	彩衣街社区	彩衣苑、万家福国庆路*、万家福文昌路*
	个园社区	东关盐阜路*、治淮新村
	古旗亭社区	莲花街坊、皮市街国庆路*
	教场社区	文昌百汇国庆路*、育才小学渡江路*
	皮市街社区	安乐街坊、皮市街文昌路*、五交化公司宿舍、韵和园
	琼花观社区	东关国庆路*、东关文昌路*
	宋都社区	大草巷小区、东关泰州路*
	新仓巷社区	何园渡江路*
	徐凝门社区	康山徐凝门*
曲江街道	东花园社区	东花园北、东花园庄*、万马滨河城
	二畔铺社区	二畔铺*、华纺运河晶典、桑园北村、桑园新村
	古运社区	古运北苑、古运南苑、古运曲水、群发小区、扬子颐和苑
	顾庄社区	安康北苑、安康南苑、宝军苑、顾庄新村、顾庄新村北区、万颐苑、众恒紫园
	解放桥社区	鸡毛庄*、嵇庄*、交通局宿舍、凯运天地水岸华城、蓝海现代城、沙北二村、沙北三村、沙北四村、沙北一村
	曲江新苑社区	骏和天城、曲江新苑、运河佳园
	沙北社区	东庄*、江南一品、沙中一村、世纪名园北苑、世纪名园南苑、水建公司宿舍、王巷新村、杨家庄*
	沙南社区	老鸦庄*、润源庭、沙口*、沙南一村、扬名苑、翟家庄*
	施井村	施井南苑、香居美苑

续表

街道（乡镇）	社区（村）	目视调查小区名称
曲江街道	施井社区	东方丽景、施井小区、王庄曲江*、新诚*
	洼字街社区	电讯厂宿舍、凯运水岸华邑、名都华庭、万花园小区、文鹤翠园、新民村*、运河一品、紫竹苑
	文昌花园社区	鸿泰家园、花园庄曲江*、文昌花园、文昌花园文康苑
	五里庙社区	古运新苑、联发君悦华府、五台山*、五台山医院宿舍、五台新村、香泉岭花苑
	玺园社区	天俊悦府、文昌北苑、中海玺园、
	新星社区	名城运河锦园、运河水庭、运河水榭
	跃进桥社区	电信小区、福泽苑、南河沿*、品墅、武静花园、小陈庄*、园丁苑、跃进桥庄*
文峰街道	八大家社区	东花园南
	宝塔社区	宝塔*、文峰苑
	鼎园社区	杉湾东苑鼎园
	渡江南路社区	渡江花苑
	连福社区	苏高新名泽园、君悦蓝庭
	连运社区	连运小区、联谊花园
	联谊路社区	鸿锦花园、扬机厂宿舍、银泰雅苑、运河壹号公馆
	三里桥社区	工人新村
	杉湾花园社区	杉湾花园四期
汤汪乡	东昇花园社区	东昇花园、东花园东、尚林艺墅、正泰花苑
	九龙花园社区	安龙苑、九龙花园、尚东国际
	连运村	联谊南苑联福苑
	杉湾花园社区	杉湾花园、杉湾三期
	汤汪花园社区	汤汪花园
湾头镇	天顺花园社区	天顺花园东、天顺花园西
	田庄村	和昌运河东郡
广陵产业园	翠月嘉苑社区	翠月东苑、翠月嘉苑、翠月嘉苑南、怡新花园
	宦桥村	皇都漫城
	万寿村	广陵世家
	运东社区	东方名城、和园、颐景苑

街道（乡镇）	社区（村）	目视调查小区名称
邗上街道	翠岗花园社区	翠岗新村
	冯庄社区	彩弘国际、得祥园、金阳苑、景祥苑、康嘉苑、康馨花园、玫瑰花园、润扬广场、上林苑、武庄新村、香格里拉、新世纪花苑、兴祥苑、幸福小区、紫阳苑北区、紫阳苑别墅区、紫阳苑南区
	贾桥社区	百祥园、保集半岛、富丽康城、金水桥花园、同泰花园月亮园
	兰庄社区	安兴苑、翠柳苑、得月苑、凯莱花园、莱东苑、莱福花园、兰苑、揽月豪庭、小庄*、杨庄邗上*
	文昌社区	花瓶苑、栖月苑、庆松清华园、新港名城花园、紫荆苑
	五里社区	来鹤北苑、美琪、茉莉香居、山姆月城明珠、万鸿城市花园、西城上筑、新港名仕花园
蒋王街道	何桥村	恒通蓝湾国际、栖祥苑、橡树湾
	余林村	方正苑小区、首开·水晶城、水印西堤、桃源居、天俊华府、西郡 188 花园
双桥街道	卜桥社区	念香苑、扬州天下东、扬州天下西
	虹桥社区	顾庄*、柳湖北苑、念四新村、念四一村、念泗*、孙庄新村、王庄念泗*
	康乐社区	康乐新村、康文苑、邬庄*、杨庄街坊、宰庄*
	石桥社区	大任*、东方百合园、弘扬花园、嘉丰苑、锦绣花园、梅庄新村西、念四二村、念四机关宿舍、双桥*、双桥新村、桐园、旺庭公馆、紫金文昌
	双桥社区	贾庄*、贾庄新村、柳湖南苑、梅庄新村、苏农四村
	文苑社区	瓜徐庄*、沁园、邵庄新村、苏农二村、苏农五村、新庄*、新庄二村、新庄新村、杨庄文汇*
	武塘社区	曹庄*、秋南新寓、秋南苑、四季园新村
新盛街道	大刘社区	京华城荟景苑、京华城御景园
	绿杨新苑社区	和美第、郡王府、绿杨新苑
	七里甸村	翡翠城、水岸泓庭
	双墩村	泰和佳园
	殷湖社区	华鼎星城、景瑞望府、名门一品、万豪西花苑、文汇苑、香颂溪岸、新盛花园、阳光美第
	殷巷社区	奥都花城、京华城怡景苑、天和国际
西湖镇	翠岗社区	海德公园、锦苑、玫瑰香榭、雍华府、紫薇苑
	金槐村	金槐小区
	润扬社区	典藏园御园、蜀冈怡庭

续表

街道（乡镇）	社区（村）	目视调查小区名称
西湖镇	司徒村	碧水栖庭、汇锦花苑、山水锦城、司徒小区、西湖公馆
	西峰社区	西湖岭秀
	西湖花园社区	经圩花园、柳馨花园、山河园、西湖东苑、西湖花园、西湖西苑
	中心村	西湖景园
槐泗镇	槐二村	九溪玫瑰园、九祥苑、庆峰北郡
	槐子村	大和金甸园
	学士社区	西苑小区
汉河街道	柏圩村	丁庄住宅区、枫林小区、宏溪新苑、星汇名邸、银河新苑、银桥小区
	高桥社区	冻青花园、蓝山庄园、林溪山庄、南浦花园、秦巷小区、上方公馆东、尚城、月城熙庭
	许庄社区	上方公馆西、阳光地带、银河小区A、银河小区B、银河小区C、银河小区D、银河小区E、银河小区F、智谷华府
文汇街道	宝带社区	宝带新村
	崇文苑社区	崇文苑、学苑新村
	春江社区	春江花园、蒋庄新苑、曙光花园
	花园社区	荷南苑、江阳苑、新城花园、银苑新村
	金林社区	金林苑
	梅苑社区	桂香苑、海棠小区、龙庄小区、梅香苑
	砚池社区	锦悦花苑、潘桥小区、砚池新寓
	油田社区	石油新村
扬子津街道	汉河村	BOBO橙、江扬运河印象、阳光新苑南、依云城邦
	二桥社区	富川瑞园、阳光新苑北
	绿园社区	骏和玲珑湾、润和绿景城、振兴花园
	裴庄社区	裴庄新村、新庄荷花池、扬联新村
	顺达社区	淮左郡庄园、新港名兴花园
	桃园社区	金湖湾、星联邦
	新河湾社区	帝景蓝湾、骏和国际公馆、润扬佳苑、天宝物华家园、阳光花都
	新华社区	财富广场商住楼、集品嘉园、金轮星城、景鸿苑、世纪家园
	长鑫社区	鸿大花园、金鑫花苑、金鑫明日园、金域蓝湾、康桥花园、魏西花园、兴扬苑、雅居乐、长河新苑

续表

街道（乡镇）	社区（村）	目视调查小区名称
梅岭街道	便益门社区	航道管理处宿舍区、莱茵北苑、莱茵苑、良友新苑、太平庄*
	漕河社区	窦庄新村东、窦庄新村西、粮食局宿舍、梅家庄*、梅岭东苑、梅岭佳园、名雅花苑、天星花园、玉器街小区
	丰乐社区	宦家庄*、梅岭二村、梅岭新村、梅岭新村南
	凤凰桥社区	卜扬马庄*、凤凰桥*、凤凰新村、凤凰御景园、建隆巷小区、吕庄*、马家庄*、梅岭新苑、香樟苑、御河苑
	广储社区	广储门*、邗江医院宿舍、绿杨人家
	邗沟社区	富贵园、黄金、梅花山庄、梅花园、阳光水岸
	锦旺社区	锦旺苑、物资局宿舍、玉带河新村
平山乡	荷叶社区	荷叶小区、养怡花园
	江阳社区	蜀景花园、溢鑫源、朱塘小区
	雷塘村	江阳佳园
	石油山庄社区	石油山庄
	朱塘社区	朱塘小区东
瘦西湖街道	滨湖社区	金凤苑、瘦西湖唐郡、瘦西湖悦园
	五亭社区	财政局宿舍、邗江税务局宿舍、瘦西湖西苑、西湖御景
	友谊社区	蓝盾花苑、友谊新村
城北乡	安平社区	鸿福家园、黄金苑、扬子佳竹苑、竹西花苑
	滨湖社区	瘦西湖景苑（滨湖社区飞地管辖）
	卜扬社区	安庄新村
	邗源社区	大上海御龙湾、盐厅子宿舍
	鸿福社区	鸿福二村、鸿福三村
	佳家花园社区	佳家北园、佳家花园
	园林社区	瘦西湖鼎苑、瘦西湖名苑、瘦西湖新苑
	竹西社区	三星花园、月明苑东区、月明苑西区

注：* 表示独门院落式非门禁小区。

参考文献

［1］丛海彬，邹德玲，刘程军. 新型城镇化背景下产城融合的时空格局分析：来自中国 285 个地级市的实际考察［J］. 经济地理，2017，37（7）：46-55.

［2］石忆邵. 产城融合研究：回顾与新探［J］. 城市规划学刊，2016（5）：73-78.

［3］任媛，赵晓萍，钟少颖. 大城市职住分离的理论阐释与平衡路径：基于文献的评论［J］. 经济体制改革，2018（1）：53-58.

［4］史官清，张先平，秦迪. 我国高铁新城的使命缺失与建设建议［J］. 城市发展研究，2014，21（10）：1-5.

［5］王建平. 我国高校新区发展中的问题及其思考：以郑州市高校新区为例［J］. 地域研究与开发，2007，26（4）：41-45.

［6］邹卓君，郑伯红. 高铁站区与城郊产业园区协同发展研究：以京沪、京广高铁沿线城市为例［J］. 经济地理，2017，37（3）：136-143.

［7］Batty M. Empty buildings, shrinking cities and ghost towns［J］. Environment and Planning B：Planning and Design，2016，43（1）：3-6.

［8］Shepard W. Ghostcities of China［M］. London：Zed Books，2015.

［9］陈明星，隋昱文，郭莎莎. 中国新型城镇化在"十九大"后发展的新态势［J］. 地理研究，2019，38（1）：181-192.

［10］陆大道，陈明星. 关于"国家新型城镇化规划（2014—2020）"编制大背景的几点认识［J］. 地理学报，2015，70（2）：179-185.

［11］张道刚. "产城融合"的新理念［J］. 决策，2011（1）：1.

［12］高纲彪. "产城融合"视角下产业集聚区空间发展研究：以商水县产业集聚区为例［D］. 郑州：郑州大学，2011.

［13］申庆喜，李诚固，胡述聚. 长春市居住与工业空间演进的耦合性测度及影响因素［J］. 人文地理，2017，32（1）：62-67.

［14］周春山，叶昌东. 中国城市空间结构研究评述［J］. 地理科学进展，2013，32（7）：1030-1038.

［15］盛明洁. 北京低收入大学毕业生就业空间分异：来自史各庄地区的实证研究［J］. 城市规划，2016，40（10）：52-58.

［16］曾文. 转型期城市居民生活空间研究：以南京市为例［D］. 南京：南京师范大学，2015.

［17］祖健. 长春都市区工业空间的演变与重构［D］. 长春：东北师范大学，2017.

［18］陈振华. 从生产空间到生活空间：城市职能转变与空间规划策略思考［J］. 城市规划，2014，38（4）：28-33.

［19］孔翔，杨帆. "产城融合"发展与开发区的转型升级：基于对江苏昆山的实地调研［J］. 经济问题探索，2013（5）：124-128.

［20］EsriMitchel A. The ESRI Guide to GIS analysis, Volume 2：Spartial measurements and statistics［R］. Esri：Esri Guide to GIS Analysis，2005.

［21］Anselin L. Spatial externalities, spatial multipliers, and spatial econometrics［J］. International Regional Science Review，2003，26（2）：153-166.

［22］Shannon C E. A mathematical theory of communication［J］. ACM SIGMOBILE Mobile Computing and Communications Review，2001，5（1）：3-55.

［23］Wiener N. Perspectives in cybernetics［J］. Progress in Brain Research，1965，17：399-415.

［24］韩俊，王翔. 新型城镇化的苏州工业园区样本［M］. 北京：中国发展出版社，2015.

［25］孙红军，李红，赵金虎. 产城融合评价体系初探［J］. 科技创新导报，2014，11（2）：248-249.

［26］林华. 关于上海新城"产城融合"的研究：以青浦新城为例［J］. 上海城市规划，2011（5）：30-36.

［27］恩格斯. 自然辩证法［M］. 曹葆华，徐光远，谢宁，译. 北京：人民出版社，1955.

［28］马荣华，蒲英霞，马晓冬. GIS空间关联模式发现［M］. 北京：科学出版社，2007.

［29］Tobler W R. A computer movie simulating urban growth in the Detroit region［J］. Economic Geography，1970，46（sup1）：234-240.

［30］间国年. 《GIS空间关联模式发现》评述［J］. 地理学报，2007，62（4）：336.

［31］Goodchild M F. Spatial autocorrelation：Concepts and techniques in modern geography 47［M］. Norwich：Geo Books，1986.

［32］Griffith D A, Anselin L. Spatial econometrics：Methods and models［J］. Economic Geography，1989，65（2）：160.

[33] Oldenburg R. The great good place：Cafes，coffee shops，community centers，beauty parlors，general stores，bars，hangouts，and how they get you through the day [M]. New York：Paragon House，1989.

[34] 虞蔚. 西方城市地理学中的因子生态分析 [J]. 人文地理，1986，1 (2)：36-39.

[35] 杜德斌. 多伦多都市区的居住空间结构研究 [J]. 人文地理，1993，8 (1)：56-64，4.

[36] 吴启焰，张京祥，朱喜钢，等. 现代中国城市居住空间分异机制的理论研究 [J]. 人文地理，2002，17 (3)：26-30.

[37] 黄怡. 住宅产业化进程中的居住隔离：以上海为例 [J]. 现代城市研究，2001，16 (4)：40-43.

[38] 黄志宏. 城市居住区空间结构模式的演变 [M]. 北京：社会科学文献出版社，2006.

[39] 杨瑛. 西安市主城区居住空间格局与形成机制研究 [D]. 西安：西北大学，2016.

[40] 李志刚，吴缚龙，肖扬. 基于全国第六次人口普查数据的广州新移民居住分异研究 [J]. 地理研究，2014，33 (11)：2056-2068.

[41] 巢耀明. 南京新城区居住就业空间及协调发展机制研究 [D]. 南京：东南大学，2015.

[42] 陈才，杨晓慧. 东北地区的产业空间结构与综合布局 [J]. 东北师大学报，2004 (3)：5-13.

[43] 王子先. 中国生产性服务业发展报告 2007 [M]. 北京：经济管理出版社，2008.

[44] 霍华德. 明日的田园城市 [M]. 金经元，译. 北京：商务印书馆，2009.

[45] 周正柱. 产城融合研究最新进展与述评 [J]. 科学与管理，2017，37 (5)：48-53.

[46] Zheng S Q，Kahn M E. Understanding China's urban pollution dynamics [J]. Journal of Economic Literature，2013，51 (3)：731-772.

[47] Kumaran R N. Second urbanization in gujarat [J]. Current Science，2014，107 (4)：580-588.

[48] 李文彬，顾姝，马晓明. 产业主导型地区深度产城融合的演化方向探讨：以上海国际汽车城为例 [J]. 城市规划学刊，2017 (S2)：57-62.

[49] 沈永明，陈晓华，储金龙. 基于空间规划视角的我国产城融合研究述评 [J]. 池州学院学报，2013，27 (6)：77-80.

[50] 邹德玲，丛海彬. 中国产城融合时空格局及其影响因素 [J]. 经济地理，2019，39 (6)：66-74.

[51] 王霞，苏林，郭兵，等. 基于因子聚类分析的高新区产城融合测度研究 [J]. 科技进步与对策，2013，30（16）：26-29.

[52] 王菲. 基于组合赋权和四格象限法的产业集聚区产城融合发展评价研究 [J]. 生态经济，2014，30（3）：36-41.

[53] 张开华，方娜. 湖北省新型城镇化进程中产城融合协调度评价 [J]. 中南财经政法大学学报，2014（3）：43-48.

[54] 唐晓宏. 基于灰色关联的开发区产城融合度评价研究 [J]. 上海经济研究，2014，26（6）：85-92.

[55] 王霞，王岩红，苏林，等. 国家高新区产城融合度指标体系的构建及评价：基于因子分析及熵值法 [J]. 科学学与科学技术管理，2014，35（7）：79-88.

[56] 魏祖民. 加快提升产城融合水平 [J]. 宁波经济（财经视点），2013（2）：18-19.

[57] 周海波. 产城融合视角下服务业与制造业集群协同发展模式研究：以盐城环保产业园为例 [C] // 中国产业集群研究协调组. 第十二届产业集群与区域发展国际学术会议论文集. 武汉，2013：493-498.

[58] 谢富胜，巩潇然. 城市居住空间的三种理论分析脉络 [J]. 马克思主义与现实，2017（4）：27-36.

[59] 黄志宏. 世界城市居住区空间结构模式的历史演变 [J]. 经济地理，2007，27（2）：245-249.

[60] 柯布西耶. 明日之城市 [M]. 李浩，译. 北京：中国建筑工业出版社，2009.

[61] 沙里宁. 城市：它的发展、衰败与未来 [M]. 顾启源，译. 北京：中国建筑工业出版社，1986.

[62] 陈友华，赵民. 城市规划概论 [M]. 上海：上海科学技术文献出版社，2000.

[63] 巴顿. 城市经济学：理论和政策 [M]. 上海社会科学院部门经济研究所城市经济研究室，译. 北京：商务印书馆，1984.

[64] 戈特曼，李浩，陈晓燕. 大城市连绵区：美国东北海岸的城市化 [J]. 国际城市规划，2009，24（S1）：305-311.

[65] 霍尔. 世界大城市 [M]. 中国科学院地理研究所，译. 北京：中国建筑工业出版社，1982.

[66] Friedmann J. The world city hypothesis [J]. Development and Change，1986，17（1）：69-83.

[67] 汤飞. 快速城市化时期首尔居住空间形态演变研究 [J]. 城市发展研究，2013，20（11）：16-21.

[68] Shin K H，Timberlake M. Korea's global city：Structural and political

implications of Seoul's ascendance in the global urban hierarchy [J]. International Journal of Comparative Sociology, 2006, 47 (2): 145-173.

［69］Schuetze T, Chelleri L. Urban sustainability versus green-washing—Fallacy and reality of urban regeneration in downtown Seoul [J]. Sustainability, 2015, 8 (1): 33.

［70］Lindholm G. The implementation of green infrastructure: Relating a general concept to context and site [J]. Sustainability, 2017, 9 (4): 610.

［71］仓泽进. 东京的社会地图 [M]. 东京: 东京大学出版社, 1986.

［72］李国庆. 城市居住空间的社会特征: 北京与东京的比较 [C] //上海与东京城市文化国际学术研讨会论文集. 上海, 2007: 33-39.

［73］廖双南. 东京城市中心区空间形态发展演变研究 [D]. 南京: 东南大学, 2012.

［74］Griffin E, Ford L. A model of Latin American city structure [J]. Geographical Review, 1980, 70 (4): 397.

［75］Howell D C. A model of Argentine city structure [J]. Revista Geográfica, 1989 (109): 129-140.

［76］Ford L R. A new and improved model of Latin American city structure [J]. Geographical Review, 1996, 86 (3): 437.

［77］Borsdorf A, Hidalgo R, Sánchez R. A new model of urban development in Latin America: The gated communities and fenced cities in the metropolitan areas of *Santiago* de *Chile* and Valparaíso [J]. Cities, 2007, 24 (5): 365-378.

［78］Joseph M, Wang F. Population density patterns in Port-au-Prince, Haiti: A model of Latin American city? [J]. Cities, 2010, 27 (3): 127-136.

［79］Guillermo Álvarez de la Torre. Urban structure and time in Medium-Sized mexican cities [J]. Frontera Norte, 2011, 23 (46): 91-124.

［80］刘旺, 张文忠. 国内外城市居住空间研究的回顾与展望 [J]. 人文地理, 2004, 19 (3): 6-11.

［81］Park R E, Burgess E W, McKenzie R D. The city suggestions for the investigation of human behavior in the urban environment [M]. Chicago: University of Chicago Press, 1925.

［82］格林, 皮克. 城市地理学 [M]. 中国地理学会城市地理专业委员会, 译. 北京: 商务印书馆, 2011.

［83］Hoyt H. The structure and growth of residential neighborhoods in American cities [M]. Washington, D. C.: Federal Housing Administration, 1939

［84］Adams J S. Housing submarkets in an American metropolis in our changing cities [M]. Baltimore: Johns Hopkins University Press, 1991.

［85］Harris C D，Ullman E L．The nature of cities［M］// Maryer H M，Kohn C F．Urban geography．Chicago：University of Chicago Press，1945：277-286.

［86］谢菲. 洛杉矶模式研究：兼与纽约、芝加哥比较［D］. 厦门：厦门大学，2006.

［87］Dear M．Los Angeles and the Chicago school：Invitation to a debate［J］. City & Community，2002，1（1）：5-32.

［88］Soja E W．Seeking spatial justice［M］. Minneapolis：University of Minnesota Press，2010.

［89］Stanek L．Henri Lefebvre on space：Architecture，urban research，and the production of theory［M］. Minneapolis：University of Minnesota Press，2011.

［90］杜能. 孤立国同农业和国民经济的关系［M］. 吴衡康，译. 北京：商务印书馆，1986.

［91］韦伯. 工业区位论［M］. 李刚剑，陈志人，张英保，译. 北京：商务印书馆，2009.

［92］克里斯塔勒. 德国南部中心地原理［M］. 常正文，王兴中，等译. 北京：商务印书馆，2010.

［93］勒施. 经济空间秩序［M］. 王守礼，译. 北京：商务印书馆，2010.

［94］Clark C．Urban population densities［J］. Journal of the Royal Statistical Society Series A（General），1951，114（4）：490.

［95］Alonso W．Location and land use：toward a general theory of land rent［M］. Cambridge：Harvard University Press，1964.

［96］Isard W．Location and space-economy：A general theory relating to industrial location，market areas，land use，trade，and urban structure［M］. Cambridge：The MIT Press，1956.

［97］米尔斯. 区域和城市经济学手册：第2卷［M］. 郝寿义，译. 北京：经济科学出版社，2003.

［98］Mills E S．An aggregative model of resource allocation in a metropolitan area［J］. American Economic Review．1967，57（2）：197-210.

［99］Muth R F．The distribution of population within urban areas［M］// Robert Ferber．Determinants of investment behavior．New York：National Bureau of Economic Research，1967.

［100］康琪雪. 西方竞租理论发展过程与最新拓展［J］. 经济经纬，2008，25（6）：12-14，46.

［101］Nelson R H．Housing facilities，site advantages，and rent［J］. Journal of Regional Science，1972，12（2）：249-259.

[102] Robinson R. Cost－benefit analysis [J]. BMJ，1993，307（6909）：924-926.

[103] Lerman S R. Neighborhood choice and transportation services [J]. The Economics of Neighborhood，1979：83-118.

[104] 王兴中. 城市居住空间结构的演变与社会区域划分研究 [J]. 城市问题，1995（1）：15-20.

[105] 杜德斌，崔裴，刘小玲. 论住宅需求、居住选址与居住分异 [J]. 经济地理，1996，16（1）：82-90.

[106] 许学强，胡华颖，叶嘉安. 广州市社会空间结构的因子生态分析 [J]. 地理学报，1989，44（4）：385-399.

[107] 李志刚，吴缚龙. 转型期上海社会空间分异研究 [J]. 地理学报，2006，61（2）：199-211.

[108] 李志刚，吴缚龙，卢汉龙. 当代我国大都市的社会空间分异：对上海三个社区的实证研究 [J]. 城市规划，2004，28（6）：60-67.

[109] 吴启焰，任东明，杨荫凯，等. 城市居住空间分异的理论基础与研究层次 [J]. 人文地理，2000，15（3）：1-5.

[110] 黄怡. 城市居住隔离及其研究进程 [J]. 城市规划汇刊，2004（5）：65-72，96.

[111] 周峰，樊永斌. 市场经济体制下南京城市居住空间变化及其动力机制研究 [J]. 南京社会科学，1998（1）：72-77.

[112] 杜德斌，徐建刚. 影响上海市地价空间分布的区位因子分析 [J]. 地理学报，1997，52（5）：403-411.

[113] 张文忠，刘旺，李业锦. 北京城市内部居住空间分布与居民居住区位偏好 [J]. 地理研究，2003，22（6）：751-759.

[114] 吴启焰，崔功豪. 南京市居住空间分异特征及其形成机制 [J]. 城市规划，1999，23（12）：23-26.

[115] 黄吉乔. 上海市中心城区居住空间结构的演变 [J]. 城市问题，2001（4）：30-34.

[116] 邢兰芹，王慧，曹明明. 1990 年代以来西安城市居住空间重构与分异 [J]. 城市规划，2004，28（6）：68-73.

[117] 刘冰，张晋庆. 城市居住空间分异的规划对策研究 [J]. 城市规划，2002，26（12）：82-85，89.

[118] 邹卓君. 大城市居住空间扩展研究 [J]. 规划师，2003，19（11）：108-110.

[119] 冯健. 杭州市人口密度空间分布及其演化的模型研究 [J]. 地理研究，2002，21（5）：635-646.

［120］刘望保，闫小培，陈忠暖. 基于 EDSA-GIS 的广州市人口空间分布演化研究［J］. 经济地理，2010，30（1）：34-39.

［121］杜国明，张树文，张有全. 城市人口分布的空间自相关分析：以沈阳市为例［J］. 地理研究，2007，26（2）：383-390.

［122］周春山，边艳. 1982—2010 年广州市人口增长与空间分布演变研究［J］. 地理科学，2014，34（9）：1085-1092.

［123］刘长岐，王凯. 影响北京市居住空间分异的微观因素分析［J］. 西安建筑科技大学学报（自然科学版），2004，36（4）：403-407，412.

［124］宋伟轩，吴启焰，朱喜钢. 新时期南京居住空间分异研究［J］. 地理学报，2010，65（6）：685-694.

［125］廖邦固，徐建刚，宣国富，等. 1947—2000 年上海中心城区居住空间结构演变［J］. 地理学报，2008，63（2）：195-206.

［126］许妍，李雪铭，高俊峰，等. 近 10 年来大连城市居住小区时空变动与演化模式［J］. 地理科学，2009，29（6）：825-832.

［127］郭付友，陈才，刘继生，等. 转型期长春市服务空间与城市功能空间关系特征研究［J］. 地理科学，2015，35（3）：299-305.

［128］孔翔. 开发区建设与城郊社会空间的分异：基于闵行开发区周边社区的调查［J］. 城市问题，2011（5）：51-57.

［129］魏立华，丛艳国，李志刚，等. 20 世纪 90 年代广州市从业人员的社会空间分异［J］. 地理学报，2007，62（4）：407-417.

［130］李雪铭，杜晶玉. 基于居民通勤行为的私家车对居住空间影响研究：以大连市为例［J］. 地理研究，2007，26（5）：1033-1042.

［131］袁雯，朱喜钢，马国强. 南京居住空间分异的特征与模式研究：基于南京主城拆迁改造的透视［J］. 人文地理，2010，25（2）：65-69.

［132］何深静，钱俊希，吴敏华. "学生化"的城中村社区：基于广州下渡村的实证分析［J］. 地理研究，2011，30（8）：1508-1519.

［133］陶海燕，黎夏，陈晓翔. 基于多智能体的居住空间格局演变的真实场景模拟［J］. 地理学报，2009，64（6）：665-676.

［134］陶海燕，黎夏，陈晓翔，等. 基于多智能体的地理空间分异现象模拟：以城市居住空间演变为例［J］. 地理学报，2007，62（6）：579-588.

［135］张力，李雪铭，张建丽. 基于生态位理论的居住区位及居住空间分异［J］. 地理科学进展，2010，29（12）：1548-1554.

［136］朱静. 城市居住空间分异的结构与文化解释［J］. 城市问题，2011（4）：55-60.

［137］黄莹，黄辉，叶忱，等. 基于 GIS 的南京城市居住空间结构研究［J］. 现代城市研究，2011，26（4）：47-52，68.

［138］武永祥，黄丽平，张园. 基于宜居性特征的城市居民居住区位选择的结构方程模型［J］. 经济地理，2014，34（10）：62-69.

［139］武前波，苗长虹，吴国伟. 郑州市居住空间演变过程与动力机制分析［J］. 地域研究与开发，2008，27（1）：36-41.

［140］孙世界，胡明星. 大城市主城区居住空间形态特征研究：以杭州为例［J］. 规划师，2009，25（2）：72-77.

［141］郭付友，李诚固，陈才，等. 1990 年以来长春市居住空间扩展特征与动力机制［J］. 经济地理，2014，34（7）：75-81.

［142］李传武，张小林. 转型期合肥社会空间分异与重构（1982—2000）［J］. 人文地理，2015，30（5）：49-56.

［143］南颖，杨易，倪晓娇，等. 吉林市城市居住空间结构研究［J］. 地域研究与开发，2012，31（5）：39-44.

［144］强欢欢，吴晓，王慧. 2000 年以来南京市主城区居住空间的分异探讨［J］. 城市发展研究，2014，21（1）：68-78.

［145］周春山，罗仁泽，代丹丹. 2000—2010 年广州市居住空间结构演变及机制分析［J］. 地理研究，2015，34（6）：1109-1124.

［146］蒋亮，冯长春. 基于社会—空间视角的长沙市居住空间分异研究［J］. 经济地理，2015，35（6）：78-86.

［147］孙彩歌，咨涛，赵宇，等. 基于城市住宅类型的不同年限建成区居住空间分异研究［J］. 中国人口·资源与环境，2017，27（S2）：87-90.

［148］董南，杨小唤，蔡红艳. 基于居住空间属性的人口数据空间化方法研究［J］. 地理科学进展，2016，35（11）：1317-1328.

［149］申悦，柴彦威. 基于日常活动空间的社会空间分异研究进展［J］. 地理科学进展，2018，37（6）：853-862.

［150］柴宏博，冯健. 基于家庭生命历程的北京郊区居民行为空间研究［J］. 地理科学进展，2016，35（12）：1506-1516.

［151］周鹏，潘悦，王丽，等. 居住空间三维形态的多尺度研究：以武汉市主城区为例［J］. 地域研究与开发，2018，37（3）：69-74.

［152］曹天邦，黄克龙，李剑波，等. 基于 GWR 的南京市住宅地价空间分异及演变［J］. 地理研究，2013，32（12）：2324-2333.

［153］Hotbllino H. Stability in competition［J］. The Economic Journal，1929，39（153）：41-57.

［154］Steinnes D N. Causality and intraurban location［J］. Journal of Urban Economics，1977，4（1）：69-79.

［155］Steinnes D N. Do people follow jobs or do jobs follow people? A causality issue in urban economics［J］. Urban Studies，1982，19（2）：187-192.

［156］Hoogstra G J，van Dijk J，Florax R J G M. Do jobs follow people or people follow jobs? A meta-analysis of Carlino-Mills studies ［J］. Spatial Economic Analysis，2017，12（4）：357-378.

［157］Lawrence T，Yezer A M J. Causality in the suburbanization of population and employment ［J］. Journal of Urban Economics，1994，35（1）：105-118.

［158］Muth R F. Cities and housing：The spatial pattern of urban residential land use ［M］. Chicago：University of Chicago Press，1969.

［159］Mills E S. The measurement and determinants of suburbanization ［J］. Journal of Urban Economics，1992，32（3）：377-387.

［160］Clark W A V，Huang Y Q，Withers S. Does commuting distance matter? Commuting tolerance and residential change ［J］. Regional Science and Urban Economics，2003，33（2）：199-221.

［161］Clark W A V，Withers S D. Changing jobs and changing houses：Mobility outcomes of employment transitions ［J］. Journal of Regional Science，1999，39（4）：653-673.

［162］Walker R. Industry builds the city：The suburbanization of manufacturing in the San Francisco Bay Area，1850—1940 ［J］. Journal of Historical Geography，2001，27（1）：36-57.

［163］Cervero R，Wu K L. Polycentrism，commuting，and residential location in the San Francisco Bay area ［J］. Environment and Planning A，1997，29（5）：865-886.

［164］柴彦威. 以单位为基础的中国城市内部生活空间结构：兰州市的实证研究 ［J］. 地理研究，1996，15（1）：30-38.

［165］塔娜，柴彦威，刘志林. 单位社区杂化过程与城市性的构建 ［J］. 人文地理，2012，27（3）：39-43.

［166］郑思齐，龙奋杰，王轶军，等. 就业与居住的空间匹配：基于城市经济学角度的思考 ［J］. 城市问题，2007（6）：56-62.

［167］宋金平，王恩儒，张文新，等. 北京住宅郊区化与就业空间错位 ［J］. 地理学报，2007，62（4）：387-396.

［168］刘碧寒，沈凡卜. 北京都市区就业—居住空间结构及特征研究 ［J］. 人文地理，2011，26（4）：40-47.

［169］湛东升，孟斌. 基于社会属性的北京市居民居住与就业空间集聚特征 ［J］. 地理学报，2013，68（12）：1607-1618.

［170］湛东升，张文忠，孟斌，等. 北京城市居住和就业空间类型区分析 ［J］. 地理科学，2017，37（3）：356-366.

［171］周素红，闫小培. 广州城市居住就业空间及对居民出行的影响 ［J］. 城

市规划，2006，30（5）：13-18.

［172］焦华富，胡静. 芜湖市就业与居住空间匹配研究［J］. 地理科学，2011，31（7）：788-793.

［173］张济婷，周素红. 转型期广州市居民职住模式的群体差异及其影响因素［J］. 地理研究，2018，37（3）：564-576.

［174］史新宇. 基于多源轨迹数据挖掘的城市居民职住平衡和分离研究［J］. 城市发展研究，2016，23（6）：142-145.

［175］张雪，柴彦威. 基于结构方程模型的西宁城市居民通勤行为及其影响因素［J］. 地理研究，2018，37（11）：2331-2343.

［176］申庆喜，李诚固，周国磊，等. 2002—2012年长春市城市功能空间耦合研究［J］. 地理研究，2015，34（10）：1897-1910.

［177］柴彦威，刘天宝，塔娜，等. 中国城市单位制研究的一个新框架［J］. 人文地理，2013，28（4）：1-6.

［178］张逸姬，甄峰，罗桑扎西，等. 基于多源数据的城市职住空间匹配及影响因素研究［J］. 规划师，2019，35（7）：84-89.

［179］申庆喜，李诚固，周国磊. 基于工业空间视角的长春市1995—2011年城市功能空间耦合特征与机制研究［J］. 地理科学，2015，35（7）：882-889.

［180］孙贵珍，陈忠暖. 1920年代以来国内外商业空间研究的回顾、比较和展望［J］. 人文地理，2008，23（5）：78-83.

［181］Schuetz J，Kolko J，Meltzer R. Is the 'shop around the corner' a luxury or a nuisance? The relationship between income and neighborhood retail patterns［J］. SSRN Electronic Journal，2010.

［182］Schuetz J，Kolko J，Meltzer R. Are poor neighborhoods "retail deserts"？［J］. Regional Science and Urban Economics，2012，42（1）：269-285.

［183］戈列奇，斯廷森. 空间行为的地理学［M］. 柴彦威，曹小曙，龙韬，等译. 北京：商务印书馆，2013.

［184］Thompson D. New concept：Subjective distance-store impressions affect estimates of travel time［J］. Journal of Retailing，1965，39：1-6.

［185］Huff D L. Defining and estimating a trading area［J］. Journal of Marketing，1964，28（3）：34.

［186］Lakshmanan J R，Hansen W G. A retail market potential model［J］. Journal of the American Institute of Planners，1965，31（2）：134-143.

［187］Stanley T J，Sewall M A. Image inputs to a probabilistic model：Predicting retail potential［J］. Journal of Marketing，1976，40（3）：48-53.

［188］Meltzer R，Schuetz J. Bodegas or bagel shops？ Neighborhood differences in retail and household services［J］. Economic Development Quarterly，

2012，26（1）：73-94.

[189] Waldfogel J. The Median voter and the Median consumer：Local private goods and population composition ［J］. Journal of Urban Economics，2008，63（2）：567-582.

[190] Glaeser E L，Kolko J，Saiz A. Consumer city ［J］. Journal of Economic Geography，2001，1（1）：27-50.

[191] Glaeser E L，Gottlieb J D. Urban resurgence and the consumer city ［J］. Urban Studies，2006，43（8）：1275-1299.

[192] Richburg Hayes L. Do the poor pay more? An empirical investigation of price dispersion in food retailing ［J］. SSRN Electronic Journal，2000.

[193] Lewis L B，Sloane D C，Nascimento L M，et al. African Americans' access to healthy food options in South Los Angeles restaurants ［J］. American Journal of Public Health，2005，95（4）：668-673.

[194] Powell L M，Slater S J，Mirtcheva D，et al. Food store availability and neighborhood characteristics in the United States ［J］. Preventive Medicine，2007，44（3）：189-195.

[195] Alwitt L F，Donley T D. Retail stores in poor urban neighborhoods ［J］. Journal of Consumer Affairs，1997，31（1）：139-164.

[196] Helling A，Sawicki D S. Race and residential accessibility to shopping and services ［J］. Housing Policy Debate，2003，14（1）：69-101.

[197] Zukin S，Trujillo V，Frase P，et al. New retail capital and neighborhood change：Boutiques and gentrification in New York city ［J］. City & Community，2009，8（1）：47-64.

[198] 周素红，林耿，闫小培. 广州市消费者行为与商业业态空间及居住空间分析 ［J］. 地理学报，2008，63（4）：395-404.

[199] 张文佳，柴彦威. 居住空间对家庭购物出行决策的影响 ［J］. 地理科学进展，2009，28（3）：362-369.

[200] 唐晓岚. 城市居住分化现象研究：对南京城市居住社区的社会学分析 ［M］. 南京：东南大学出版社，2007.

[201] 叶强，曹诗怡，聂承锋. 基于 GIS 的城市居住与商业空间结构演变相关性研究：以长沙为例 ［J］. 经济地理，2012，32（5）：65-70.

[202] 郭付友，陈才，刘继生. 1990 年以来长春市工业空间扩展的驱动力分析 ［J］. 人文地理，2014，29（6）：88-94.

[203] 刘望保，侯长营. 国内外城市居民职住空间关系研究进展和展望 ［J］. 人文地理，2013，28（4）：7-12，40.

[204] 孙斌栋，吴雅菲. 中国城市居住空间分异研究的进展与展望 ［J］. 城市

规划，2009，33（6）：73-80.

［205］王亚华，袁源，王映力，等．人口城市化与土地城市化耦合发展关系及其机制研究：以江苏省为例［J］．地理研究，2017，36（1）：149-160.

［206］江苏省扬州市地方志编纂委员会．扬州市志（前486—1987）［M］．上海：中国大百科全书出版社上海分社，1997.

［207］扬州市地方志编纂委员会．扬州市志：1988—2005［M］．北京：方志出版社，2014.

［208］江苏省统计局，国家统计局江苏调查总队．江苏统计年鉴2022［M］．北京：中国统计出版社，2022.

［209］扬州市统计局，国家统计局扬州调查队．扬州统计年鉴2022［M］．北京：中国统计出版社，2022.

［210］《扬州市商业志》编纂委员会．扬州市商业志［M］．扬州：扬州市商业局，1992.

［211］张鸿雁．空间正义：空间剩余价值与房地产市场理论重构：新城市社会学的视角［J］．社会科学，2017（1）：53-63.

［212］王丹，方斌，王海玫，等．基于人流量断面统计的商业地价区段划分方法：以扬州市区为例［J］．地域研究与开发，2015，34（5）：157-161.

［213］刘志林，王茂军．北京市职住空间错位对居民通勤行为的影响分析：基于就业可达性与通勤时间的讨论［J］．地理学报，2011，66（4）：457-467.

［214］扬州市地名委员会．江苏省扬州市地名录［M］．扬州：扬州市地名委员会，1982.

［215］约翰斯顿．人文地理学词典［Z］．柴彦威，蔡运龙，顾朝林，等译．北京：商务印书馆，2004.

［216］吴启焰．大城市居住空间分异的理论与实证研究［M］．2版．北京：科学出版社，2016.

［217］饶烨，宋金平，于伟．北京都市区人口增长的空间规律与机理［J］．地理研究，2015，34（1）：149-156.

［218］陈扬．扬州经济社会发展报告（2017）［M］．北京：社会科学文献出版社，2017.

［219］王晓峰．对我国家用汽车消费群体及其消费特征的社会学分析［D］．长春：吉林大学，2008.

［220］赵菁，刘耀林，刘格格，等．不同年龄段居民居住偏好对其通勤特征的影响：以武汉都市发展区为例［J］．城市问题，2018（6）：67-72.

［221］张艳，柴彦威．基于居住区比较的北京城市通勤研究［J］．地理研究，2009，28（5）：1327-1340.

［222］余建辉，张文忠，董冠鹏．北京市居住用地特征价格的空间分异特征

［J］. 地理研究，2013，32（6）：1113-1120.

［223］殷景文，钮卫东，许业和. 优化人口结构 恢复古城活力：苏州古城人口发展引导研究［J］. 城市规划，2014，38（5）：50-53.

［224］尹伯成，史庆文. 略论住房由实物分配向货币化方配的转变［J］. 复旦学报（社会科学版），1998，40（4）：17-20.

［225］刘雨平. 地方政府行为驱动下的城市空间演化及其效应研究：基于"理性选择"的分析视角［D］. 南京：南京大学，2013.

［226］黄晶，薛东前，黄梅，等. 西安市新城市贫困多维评估［J］. 人文地理，2016，31（4）：42-49.

［227］李斗. 扬州画舫录：插图本［M］. 王军，评注. 北京：中华书局，2007.

［228］《扬州城乡建设志》编审委员会. 扬州城乡建设志［M］. 合肥：黄山书社，1993.

［229］杨建华. 明清扬州城市发展和空间形态研究［D］. 广州：华南理工大学，2015.

［230］黎东方. 平凡的我：黎东方回忆录 1907—1998［M］. 北京：中国工人出版社，2011.

［231］董玉书，徐谦芳. 芜城怀旧录 扬州风土记略［M］. 蒋孝达，陈文和，校点. 南京：江苏古籍出版社，2002.

［232］［清］五格.（乾隆）江都县志［M］. 扬州：广陵书社，2015.

［233］［清］阿克当阿修，［清］姚文田. 嘉庆重修扬州府志：上册［M］. 扬州：广陵书社，2006.

［234］［清］焦循，［清］江藩. 扬州图经［M］. 薛飞，校点. 南京：江苏古籍出版社，1998.

［235］王虎华. 扬州盐商遗迹［M］. 南京：南京师范大学出版社，2011.

［236］王瑜，朱正海. 盐商与扬州［M］. 南京：江苏古籍出版社，2001.

［237］焦循. 扬州足征录［M］. 许卫平，点校. 扬州：广陵书社，2004.

［238］王振世. 扬州览胜录［M］. 蒋孝达，校点. 南京：江苏古籍出版社，2002.

［239］徐谦芳. 扬州风土记略［M］. 蒋孝达，陈文，校点. 南京：江苏古籍出版社，2002.

［240］师悦菊. 中国文物地图集［M］. 北京：中国地图出版社，2006.

［241］朱芋静. 扬州城市空间营造研究［D］. 武汉：武汉大学，2015.

［242］杨正福. 扬州城建史事通览［M］. 扬州：广陵书社，2015.

［243］《扬州建设志》续修编审委员会. 扬州建设志［M］. 扬州：广陵书社，2009.

［244］扬州市郊区人民政府. 扬州市郊区志［M］. 北京：方志出版社，1996.

［245］扬州市邗江区地方志编纂委员会. 扬州市维扬区志：1989—2011 ［M］. 北京：方志出版社，2017.

［246］扬州市广陵区地方志编纂委员会. 广陵区志 ［M］. 北京：中华书局，1993.

［247］薛曦晨. 县域现代服务业发展路径与政策研究：以扬州市邗江区为例 ［D］. 扬州：扬州大学，2009.

［248］扬州市邗江区地方志编纂委员会. 邗江县志 ［M］. 北京：方志出版社，2009.

［249］王丹，方斌，陈正富. 基于社区尺度的互联网企业空间格局与演化：以扬州市区为例 ［J］. 经济地理，2018，38（6）：133-141.

［250］叶昌东，周春山，刘艳艳. 近10年来广州工业空间分异及其演进机制研究 ［J］. 经济地理，2010，30（10）：1664-1669.

［251］孙博，程淑佳，于国政，等. 景观生态学视角下长春城市功能空间耦合特征研究 ［J］. 地理科学，2017，37（4）：519-527.

［252］文雯，周丁扬，苏珊，等. 基于行业分类的工业用地演变研究：以北京市为例 ［J］. 中国土地科学，2017，31（11）：32-39.

［253］王宁，杜豫川. 社区居民适宜步行距离阈值研究 ［J］. 交通运输研究，2015，1（2）：20-24，30.

［254］彭亚茜，陈可石. 中国古代商业空间形态的变革 ［J］. 现代城市研究，2014，29（9）：34-38，54.

［255］李伟，黄正东. 基于POI的厦门城市商业空间结构与业态演变分析 ［J］. 现代城市研究，2018，33（4）：56-65.

［256］浩飞龙，王士君，冯章献，等. 基于POI数据的长春市商业空间格局及行业分布 ［J］. 地理研究，2018，37（2）：366-378.

［257］王芳，牛方曲，王志强. 微观尺度下基于商圈的北京市商业空间结构优化 ［J］. 地理研究，2017，36（9）：1697-1708.

［258］傅辰昊，周素红，闫小培，等. 广州市零售商业中心的居民消费时空行为及其机制 ［J］. 地理学报，2017，72（4）：603-617.

［259］王芳，高晓路. 北京市商业空间格局及其与人口耦合关系研究 ［J］. 城市规划，2015，39（11）：23-29.

［260］吴良镛. 旧城整治的"有机更新" ［J］. 北京规划建设，1995（3）：16-19.

［261］阳建强，吴明伟. 现代城市更新 ［M］. 南京：东南大学出版社，1999.

［262］孙俊桥. 走向新文脉主义 ［D］. 重庆：重庆大学，2010.

［263］戴晓晖. 转型期中国大都市中心城旧区的中产阶层化研究：以上海为例 ［D］. 上海：同济大学，2007.

［264］王效容. 保障房住区对城市社会空间的影响及评估研究［D］. 南京：东南大学，2016.

［265］柴彦威，肖作鹏，刘天宝. 中国城市的单位透视［M］. 南京：东南大学出版社，2016.

［266］冯健，周一星. 北京都市区社会空间结构及其演化（1982—2000）［J］. 地理研究，2003，22（4）：465-483.

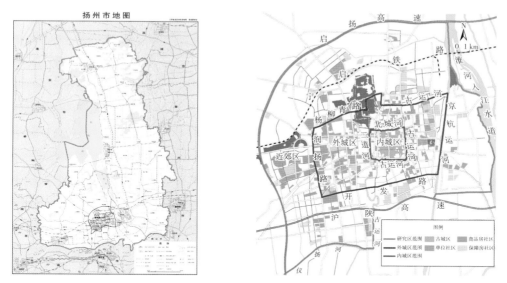

图 3.1　研究区范围

注：左图为江苏省测绘与地理信息局绘制的江苏省设区市标准地图之扬州市地图〔审图号：苏 S（2019）014 号〕。

图 4.17　各类型居住空间分布

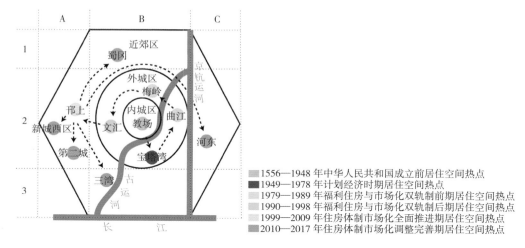

图 5.18　1949—2017 年居住空间热点演化示意图

图例：
- 1556—1948 年中华人民共和国成立前居住空间热点
- 1949—1978 年计划经济时期居住空间热点
- 1979—1989 年福利住房与市场化双轨制前期居住空间热点
- 1990—1998 年福利住房与市场化双轨制后期居住空间热点
- 1999—2009 年住房体制市场化全面推进期居住空间热点
- 2010—2017 年住房体制市场化调整完善期居住空间热点

图 6.2　1949—2017 年工业企业迁移

时期		居住空间		工业空间	
		方向	距离/m	方向	距离/m
1949—1959年		↙	335	↓	700
1960—1978年	"大跃进"时期	↗	150	↗	345
	"文化大革命"时期	→	100	↗	160
1979—1989年		↗	360	↗	120
1990—1998年		←	710	←	455
1999—2009年		↙	1 030	↘	2 174
2010—2017年		↙	150	↙	470

图例

—— 研究区范围　　—— 外城区范围　　—— 内城区范围

居住空间中心　● 1940—1949　● 1950—1959　● 1960—1969　● 1970—1979
　● 1980—1989　● 1990—1999　● 2000—2009　● 2010—2017

工业空间中心　▲ 1940—1949　▲ 1950—1959　▲ 1960—1969　▲ 1970—1979
　▲ 1980—1989　▲ 1990—1999　▲ 2000—2009　▲ 2010—2017

中心移动全局图

图 6.4　1949—2017 年居住—工业空间中心方向关联

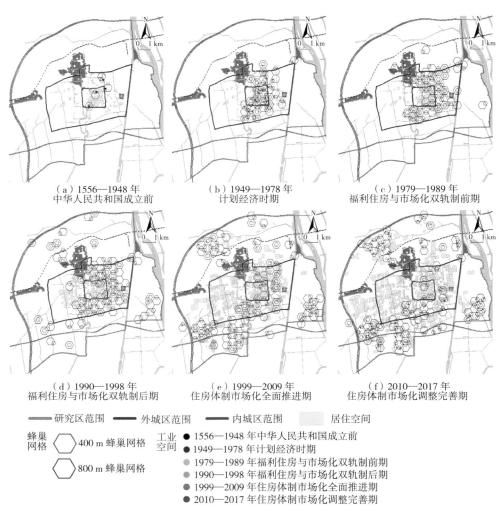

(a) 1556—1948 年
中华人民共和国成立前

(b) 1949—1978 年
计划经济时期

(c) 1979—1989 年
福利住房与市场化双轨制前期

(d) 1990—1998 年
福利住房与市场化双轨制后期

(e) 1999—2009 年
住房体制市场化全面推进期

(f) 2010—2017 年
住房体制市场化调整完善期

图 6.7　居住—工业空间形态关联演化

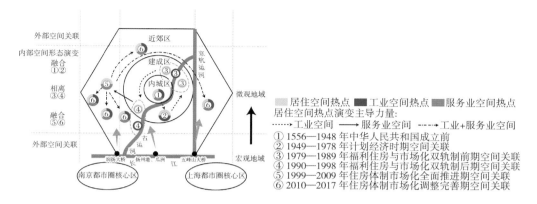

图 6.8　居住—工业空间关联强度演化

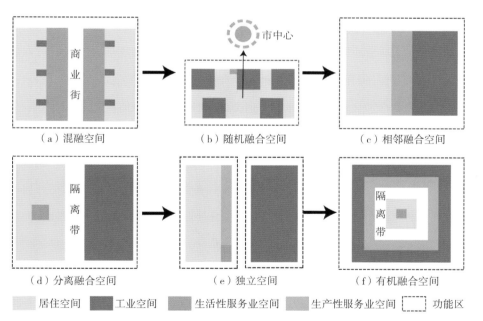

图 6.9　居住—工业空间形态

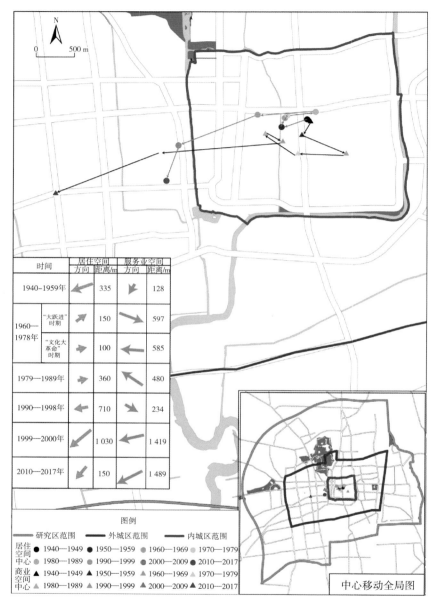

时间		居住空间		服务业空间	
		方向	距离/m	方向	距离/m
1940-1959年		↙	335	↘	128
1960—1978年	"大跃进"时期	↗	150	↘	597
	"文化大革命"时期	↗	100	←	585
1979—1989年		→	360	↖	480
1990—1998年		←	710	↘	234
1999—2000年		↙	1 030	←	1 419
2010—2017年		↙	150	↙	1 489

图例

—— 研究区范围　—— 外城区范围　—— 内城区范围

居住空间中心　● 1940—1949　● 1950—1959　● 1960—1969　● 1970—1979
　　　　　　　● 1980—1989　● 1990—1999　● 2000—2009　● 2010—2017
商业空间中心　▲ 1940—1949　▲ 1950—1959　▲ 1960—1969　▲ 1970—1979
　　　　　　　▲ 1980—1989　▲ 1990—1999　▲ 2000—2009　▲ 2010—2017

中心移动全局图

图 7.6　1949—2017 年居住—服务业空间中心方向关联

图 7.7　1949—2017 年服务业空间演化

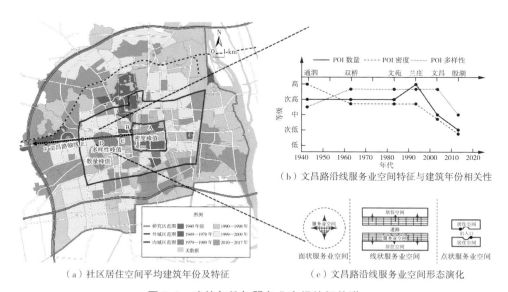

（a）社区居住空间平均建筑年份及特征　　（c）文昌路沿线服务业空间形态演化

（b）文昌路沿线服务业空间特征与建筑年份相关性

图 7.8　建筑年份与服务业空间特征关联

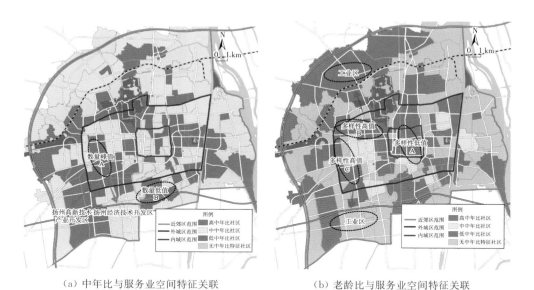

（a）中年比与服务业空间特征关联　　　　　（b）老龄比与服务业空间特征关联

图 7.10　中年比、老龄比与服务业空间特征关联

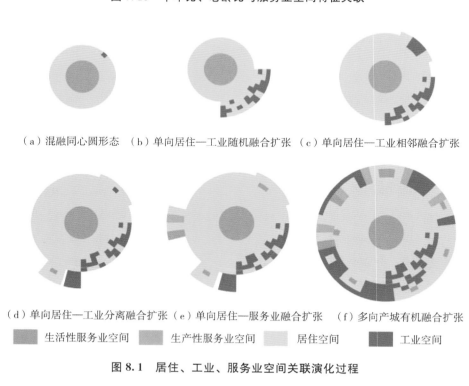

（a）混融同心圆形态　（b）单向居住—工业随机融合扩张　（c）单向居住—工业相邻融合扩张

（d）单向居住—工业分离融合扩张（e）单向居住—服务业融合扩张　（f）多向产城有机融合扩张

生活性服务业空间　　生产性服务业空间　　居住空间　　工业空间

图 8.1　居住、工业、服务业空间关联演化过程

生活性服务业空间　　　居住空间　　　内城区

＋- 居住空间与服务业空间关联强弱程度
＋- 居住空间与工业空间关联强弱程度

图 8.2　混融同心圆形态阶段

注：图 8.2—图 8.7 中，"＋""—"表示居住空间与相应空间关联的强弱程度，其中"＋"表示强关联，"—"表示弱关联。

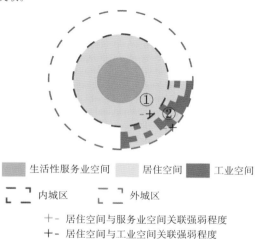

生活性服务业空间　　　居住空间　　　工业空间

内城区　　　外城区

＋- 居住空间与服务业空间关联强弱程度
＋- 居住空间与工业空间关联强弱程度

图 8.3　单向居住—工业随机融合扩张阶段

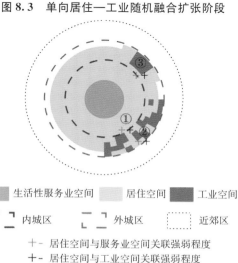

生活性服务业空间　　　居住空间　　　工业空间

内城区　　　外城区　　　近郊区

＋- 居住空间与服务业空间关联强弱程度
＋- 居住空间与工业空间关联强弱程度

图 8.4　单向居住—工业相邻融合扩张阶段

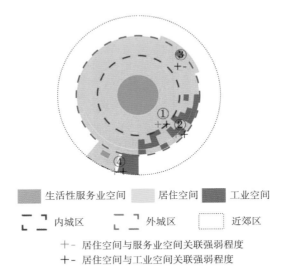

生活性服务业空间 ▨　居住空间 ▨　工业空间 ▨

内城区 ⌐⌐　外城区 ⌐⌐　近郊区 ⌐⌐

十－ 居住空间与服务业空间关联强弱程度
十－ 居住空间与工业空间关联强弱程度

图 8.5　单向居住—工业分离融合扩张阶段

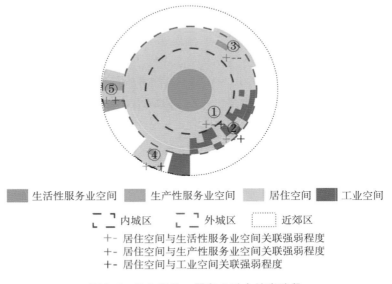

生活性服务业空间 ▨　生产性服务业空间 ▨　居住空间 ▨　工业空间 ▨

内城区 ⌐⌐　外城区 ⌐⌐　近郊区 ⌐⌐

十－ 居住空间与生活性服务业空间关联强弱程度
十－ 居住空间与生产性服务业空间关联强弱程度
十－ 居住空间与工业空间关联强弱程度

图 8.6　单向居住—服务业融合扩张阶段

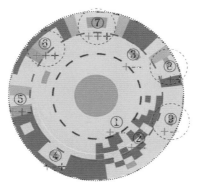

生活性服务业空间　生产性服务业空间　居住空间　工业空间

内城区　外城区　近郊区

+- 居住空间与生活性服务业空间关联强弱程度
+- 居住空间与生产性服务业空间关联强弱程度
+- 居住空间与工业空间关联强弱程度

图 8.7　多向产城有机融合扩张阶段

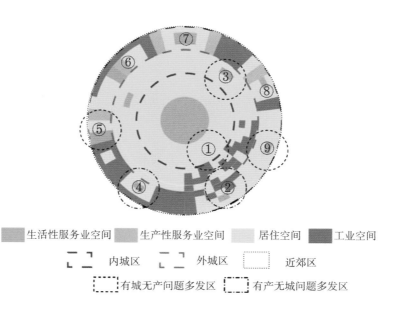

生活性服务业空间　生产性服务业空间　居住空间　工业空间

内城区　外城区　近郊区

有城无产问题多发区　有产无城问题多发区

图 8.10　基于空间关联的产城融合区域诊断

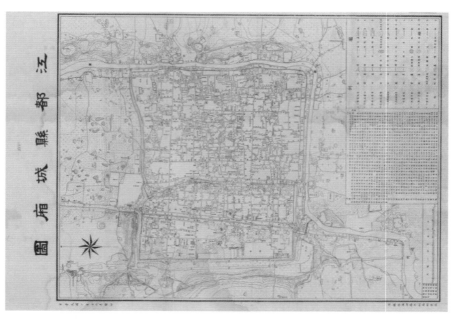

图 A2 研究区代表性历史地图

注：左图为民国十年（1921 年）《江都县城厢图》，右图为 1964 年《扬州市市区图》。